水産学シリーズ

103

日本水産学会監修

水 産 と 環 境

清 水　誠 編

1994・10

恒星社厚生閣

ま　え　が　き

　水産と環境の関係は近年大きく変わりつつある．もともと資源生物の欲する
環境の研究，適温範囲や至適塩分などが水産学での環境研究の対象であった．
これは現在でも水産海洋学あるいは漁場学の重要な問題である．一方，高度経
済成長がもたらした公害，あるいは環境破壊は水域にも影を落とし，沿岸を中
心として漁業に多くの被害をもたらした．公害対策などの環境問題が社会的に
高まりを見せたのは昭和40年代の半ばだが，日本水産学会も昭和46年に漁業環
境問題特別委員会を設置し，環境問題に積極的に取り組むこととなった．この
年は環境庁が設置された年でもある．爾来，シンポジウムを中心として特別委
員会は活動を続け，漁業環境問題の解明に努力してきた．この間，問題の学問
的整理に主眼が置かれ，また，養殖の引き起こす自家汚染の問題も取り上げら
れたが，主として水産が被害者の立場からの問題へのアプローチが多かった．

　近年，再び環境問題が高まりを見せ，1992年には20年ぶりに国連主催の環境
会議がもたれたが，視点は地域的な環境改変から，地球的規模での環境変化に
移った．人口の増加，これに伴う人間活動の規模拡大，緑の減少，CO_2など温
室効果ガス増大による地球温暖化，フロンなどによるオゾン層破壊などなど，
国際的な協力による対処が必要な問題が顕在化してきたのである．さらに，人
間もその一員である自然生態系の保全の問題も大きく取り上げられるようにな
ってきた．こうして中で漁業も生態系に影響を与える側面が強調される場面も
増えてきた．捕鯨，公海の流し網，イルカをまくまぐろ旋網などの問題であ
る．

　こうした社会情勢の変化も考慮し，また，いつまでも特別委員会として活動
するのではなく，常置の委員会として活動せよという理事会決定を受けて，漁
業環境問題特別委員会は1990年に常置の水産環境保全委員会として新しく発足
することとなったのである．この時点で，環境問題を水産の側から整理し，委
員会活動の展望の基礎とすることが考えられていたのであるが，実現はやや遅
れ，1994年の春に「水産環境保全研究の今日的課題」というシンポジウムが開
催されることとなったわけである．

本書はこのシンポジウムの記録をとりまとめたもので，新しいシリーズの特色を生かすべく，できるだけ各章の内容を独立させ，これを読めば関連する分野の現状が理解されるようにしたつもりである．初めの3章は沿岸での問題を取扱い，次の3章はいわゆる汚染問題の現状，最後の2章が地球環境問題を扱っている．なお，シンポジウムでは浅海開発にからむ問題も取り上げたが，著者の健康上の問題もあり，本書では割愛した．

　このように水産と環境の問題を地域から地球規模まで広く見通しているので，多くの関係の方々の参考になることを願っている．また，今後の水産環境保全委員会の活動に関しても多くの意見をお寄せいただければ幸いである．

清　水　誠

水産と環境　目次

まえがき …………………………………………………………(清水　誠)

1. 厳しさを増す沿岸漁業 ………(眞鍋武彦・長井　敏・堀　豊)…… *9*
　　§1. 沿岸海域への過栄養化（*10*）　　§2. 沿岸海域海底への汚
　　染物質の堆積（*13*）　　§3. 水産生物成育場の喪失（*15*）
　　§4. 閉鎖性沿岸海域としての沿海（*16*）　　§5. 沿岸海域保全
　　のための課題（*17*）

2. 環境にやさしい増養殖 ……………………………(伊藤克彦)……*19*
　　§1. 養殖漁場環境の実態（*19*）　　§2. 養殖漁場環境の解析
　　（*22*）　　§3. 養殖漁場の管理・再生（*25*）　　§4. これからの
　　課題（*27*）

3. 新しい遊漁を求めて ……………………………(中山尊裕)……*29*
　　§1. 遊漁の現状（*30*）　　§2. 現在の課題（*32*）　　§3. 取り
　　組みの現状（*33*）　　§4. 今後の展開方向（*34*）

4. 有害プランクトンと環境 …………………………(福代康夫)……*38*
　　§1. 有害プランクトンの発生状況（*38*）　　§2. 有害プラン
　　クトン発生の広域化と多発化の原因（*43*）　　§3. 今後の課題
　　（*46*）

5. 有害物質汚染 …………………………………………(山田　久)……*50*
　　§1. わが国における有害化学物質汚染の歴史（*50*）　　§2.
　　有害化学物質による水質汚濁の状況（*53*）　　§3. 有害化学物
　　質汚染に対して行われた研究の目的と方向（*57*）　　§4. 主要
　　な研究成果（*58*）　　§5. 今後の研究課題（*67*）

6. 油汚染からの環境回復 ……………………(徳田　廣)……72
　　§1. 流出油の変性（73）　　§2. 対生物有害性（74）　　§3.
　　化学的処理剤（75）　　§4. 栄養剤（76）　　§5. 微生物製剤
　　（78）　　§6. 油吸着材（79）　　§7. 国際的対応（79）

7. 地球温暖化と水産業 ……………………(岸田　達)……81
　　§1. 考えられる変化（81）　　§2. マイワシ・ニシンにみる
　　資源と水温の長期変動（84）　　§3. 定性的予測（87）

8. 漁業と生態系保存 ……………………(佐々木　喬)……90
　　§1. 漁業が漁獲対象資源におよぼす影響（92）　　§2. 漁業
　　が漁獲対象資源以外の混獲生物におよぼす影響（97）　　§3.
　　漁業が環境生物に間接的におよぼす影響（99）　　§4. 野生生
　　物の保護と漁業（100）

Fisheries and Environment

Edited by Makoto Shimizu

1. Coastal fisheries in severely damaged environment

    Takehiko Manabe, Satoshi Nagai, and Yutaka Hori

2. Environment conscious aquaculture   Katsuhiko Ito

3. A new concept of recreational fishing

    Takahiro Nakayama

4. Toxic phytoplankton and its environment

    Yasuwo Fukuyo

5. Environmental pollution by hazardous chemicals

    Hisashi Yamada

6. Oil pollution and environmental remediation

    Hiroshi Tokuda

7. Global warming and fisheries   Tatsu Kishida

8. Fisheries and ecosystem   Takashi Sasaki

1. 厳しさを増す沿岸漁業

眞鍋武彦[*1]・長井　敏[*2]・堀　豊[*2]

　わが国の沿岸海域は重要な食料生産の場，水路，遊びの場として位置づけられ，長い歴史の中で人々の生活の支えとなってきた．しかし近年になり，海域は人の陸上活動の最終廃棄場の感を呈するようになり，大きい社会問題となってきた．沿岸海域の汚染問題は1960年代から1970年代の経済高度成長期に深刻化した．この頃，瀬戸内海をはじめ，わが国の臨海地域は鉄鋼，造船および石油化学など重厚長大型産業の要塞となり，これから排出される余剰物質などは水圏環境を著しく悪化した．この時代には，沿岸性の魚介類の生息および繁殖の場は徐々に失われ，また廃プラスチックなど陸上からの投棄物は漁場を破壊し底曳網漁業操業などに支障を与え，かつ沿岸海域で漁獲される水産物の多くは重金属類，合成有機化合物などにより汚染され，わが国の伝統的な魚食文化

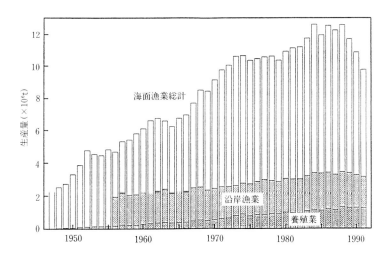

図 1·1　わが国における海面漁業生産量の経年変化[1)]

[*1] 兵庫県但馬水産事務所
[*2] 兵庫県立水産試験場

そのものが否定されるような危機感すら感じられた．その後の環境汚染に対する国民の危機感，さらに環境保全分野からの種々の強い汚染対策などにより1980年代に入り，環境悪化が鈍化してきた．一時，大きい打撃を受けた沿岸漁業も，図1・1に見られるように，その後大きい伸びはないにしろ，どうにか現状を維持してきた[1]．これは漁場保全対策行政および栽培漁業の推進など水産サイドの非常な努力の結果と位置づけることができる．1991年時点で沿岸漁業は316万トンとわが国の海面全生産量の約32％を占め，生産金額では1兆4千億円と海面全生産額の55％を占める状態を保っている．200海里漁業専管水域および経済水域宣言以降，遠洋漁業および沖合漁業は難しい局面に立たされており，その漁業生産量は1978年の770万トンから1990年には660万トンと減少しており，今後，漁業生産量の増大は期待できない現状にある．このような観点から，限られた沿岸海域をいかに利用し，人間活動の残滓といかにつきあい，また近年盛んになりつつある遊漁など親水性レクリエーションなどと如何に共存するかが今後の沿岸漁業に課せられた大きい課題といえよう．ここでは生物生産性の高い瀬戸内海などの浅海域，沿海なども含めた閉鎖性の強い海域の，漁場環境の現状および問題点について羅列し，今後の沿岸漁業振興の検討材料としたい．

§1. 沿岸海域の過栄養化

海域の過栄養化の原因は陸上における人間活動由来の廃棄物に起因する．1950年代中頃以降，瀬戸内海をはじめ，わが国の沿岸海域では富栄養化が急速に進行し，広い海域で過栄養環境になり，有害な赤潮の発生を伴い，養殖魚介類の大量へい死問題として大きい被害を水産業に与えた．図1・2に見られるように，赤潮発生件数は1976年をピークに減少の傾向を示し，1992年には1/3の件数になっている．また漁業被害件数も減少する傾向にある[2]．図1・3に見られるように，播磨灘中央部では1920年代から1970年代中頃まで透明度は直線的な低下傾向を示し，沿岸海域の汚染の強さを物語っている[3]．1970年代中頃からの透明度上昇現象は，水質規制法などによる富栄養化抑制，および発生プランクトン種類などの変化によるものと思われる．

沿岸海域の有機汚染の一部は陸上からの直接汚染と推測されるが大部分はむ

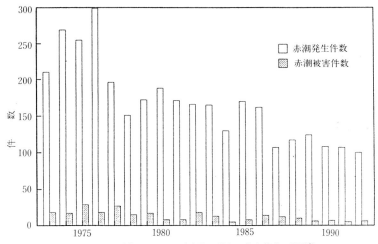

図 1·2 瀬戸内海における赤潮発生件数と被害件数の推移[2]

しろ間接的な有機汚染と考えられる．近年になり下水道普及率は上昇し，1992年時点で全国平均で45％，瀬戸内海平均で47％に達している[4]．しかし一面，下水処理場などによる二次処理により有機物は無機化され，植物プランクトンが利用しや

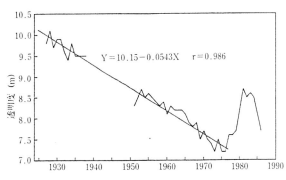

図 1·3 瀬戸内海東部海域（播磨灘中央部）における透明度の経年変化[3]

すい無機栄養塩として海域に流入し，再び有機化される．眞鍋らの試算によると，夏季の大阪湾においては，水中の有機物の少なくとも60〜80％が植物プランクトンとして存在している．また図1·4に見られるように，播磨灘に存在する栄養塩類のほとんどが北部地域から流入したものであり，窒素の40〜70％が，リンの50〜90％が植物プランクトンにより有機化されると試算している[5]．このような沿岸海域の過栄養抑制法として，余剰物質の低減化，大規模なゴミ焼却場の建設および生活排水などの高次処理が叫ばれ，魚介魚へい死については

赤潮発生抑制法の開発，養殖技術の改善などが研究され，徐々に成果を上げている．これらにより，沿岸海域は幾分清澄さを取り戻し，有害赤潮の発生頻度および漁業被害も減少しつつある．一方これらの技術的過栄養化抑制法はゴミ

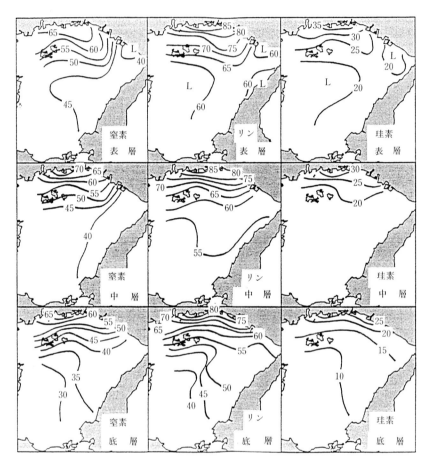

図 1・4　瀬戸内海東部海域（播磨灘）における植物プランクトンによる栄養塩の取り込み
（図内数字は植物プランクトンの栄養塩利用率（％）[5]

焼却炉でのダイオキシン発生，あるいは排水処理場での大量の汚泥発生などとして二次的な汚染問題と引き起し，本質的な対策にはなっていない．

§2. 沿岸海域海底への汚染物質の堆積

近年の海域の過栄養化は魚介類のへい死などにとどまらず，底層水質および底質の有機汚染問題として大きく取上げられるようになってきた[6]．過栄養化とともに大発生した植物プランクトンは生育条件の悪化とともに死滅し，沈降・堆積・分解し，その結果，底層域で貧酸素現象を生じ，さらに底土の還元化を生ずるようになってきた[6]．貧酸素現象に大きく関与する植物プランクトンは，養殖魚のへい死など直接的な水産被害を与えるラフィド藻あるいは渦鞭毛藻などではなく，沿岸海域で最も発生頻度の高い珪藻類と考えてよいであろう．珪藻類は栄養塩類を有機化し，また固い殻をもつが故，へい死後も完全には分解しないまま底層まで速やかに沈降し，底層水の水質を悪化させる．従来，水産業に直接的な被害を与えなかったため直接的な研究対象とならず，良性の赤潮などと呼称されてきた珪藻類の挙動などに今後注目することが肝要であろう．

このように陸上から供給された汚染物質および植物プランクトンなどは海水中で凝集，死滅沈降し，海底の汚染現象として水産業に大きく関与する．殊に底生生物の繁殖成育の場を奪う点で非常に大きい問題を投げかける．ごく沿岸海域，中でも湾奥部あるいは海盆状の海域では海底の貧酸素現象として問題が大きい．東京湾奥部では貧酸素現象あるいは青潮の影響と推測される貝類のへい死問題が1950年代以降頻繁に報告されている[7]．青潮は底層水の強い貧酸素化が原因とされ，苦潮とも呼ばれ三河湾でも報告されている．播磨灘でもそれに類したと推測される現象が発生している．

近年，沿岸海域の水質は回復傾向にあるといわれている．図1・3の播磨灘の透明度の推移からみると，1980年代前半には著しく清澄になっているかにみえる．しかし図1・5から，表層水及び中層水の溶存酸素はほぼ飽和状態に近づいてきたが，底層では漸減傾向を示し，貧酸素化が進行し過栄養状態は防止されていないことが判ってきた．また底層が貧酸素化した海域の面積が増加傾向にあることも判明してきた[3]．このように視覚的（表面的）には清澄であるが，底層域で大きい問題を生じている．

また近年，図1・6に見られるように，播磨灘では大型の珪藻（*Coscinodiscus wailesii*）が秋季から春季にかけて大発生し，多量の栄養塩類を吸収し，低水

温期において海域は貧栄養塩現象を示すようになってきた．ここ数年，C. wailesii の発生頻度・密度が低下し，aDIN（無機三態窒素合計）濃度は平年値を上回ることが多くなってきたが，1985年から1990年頃の大発生は aDIN 濃度

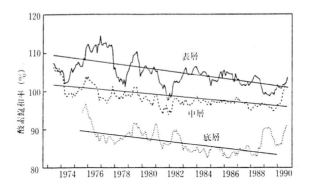

図 1·5　瀬戸内海東部（播磨灘）における溶存酸素飽和率の経年変化[3]

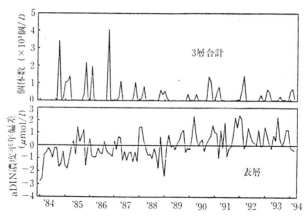

図 1·6　瀬戸内海東部海域（播磨灘）における大型珪藻（*Coscinodiscus wailesii*）の発生と aDIN（無機三態窒素合計）濃度の変化

分布に大きい影響を与えた．C. wailesii は沈降速度が早く，発生状況を精査することが難しい．また栄養塩濃度は種々の要因により変化するため，栄養塩濃度の変化と C. wailesii 発生との因果関係を決定づけることは困難であるが，この図から判るように，C. wailesii の大発生が確認されたときには必ず aDIN 濃度が低下している．ここには示していないが，PO_4 濃度および SiO_2

濃度でも同様の傾向がみられる．この現象は，低水温期の豊富な栄養塩を利用して生産されている養殖ノリの品質低下問題として養殖業に大きい打撃を与え，浅海水産業の大きい問題となっている[8]．発生するプランクトンの種類は異なるが有明海でも同様の現象が生じ，ノリ養殖に大きい悪影響を与えている[9]．大型珪藻は生育条件が悪化すると周囲の微細懸濁物を凝集しつつ早い速度で沈降し（約1 m/時），生産した有機物質などを未分解のまま速やかに底層へ運搬し，底層水質を悪化し問題になっている[3]．沈降した懸濁物は底曳網漁業の漁網に付着し，ヌタ付着問題として操業に支障をきたすようになってきている．

§3. 水産生物成育場の喪失

このように植物プランクトンによる栄養塩類の再有機化は，底層水の貧酸素化および底土の還元化をひきおこし，底生生物の成育場を破壊している．また沿岸海域の開発，巨大構造物の建設などは海域へ直接的な影響と与えている．

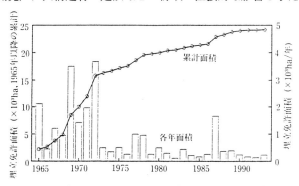

図 1·7 瀬戸内海における埋立て許可面積の推移（1995年以降）[4]

図 1·7 から判るように，1973年の瀬戸内海環境保全臨時措置法施行以前の瀬戸内海における埋立免許面積（1965年以降）は毎年 2,000 ha 程度あり，累計埋立許可面積は 16,000 ha に達している．法施行以降，開発を目的とした埋立は抑止され，1993年時点で累計許可面積は 25,000 ha にとどまっている．このような人工構造物は沿岸流況に影響を与え，更に藻場や瀬などの変化などで水産生物の成育場を徐々に破壊するようになってきた．水産生物にとって非常に重要な成育の場である藻場は瀬戸内海全域で約 17,700 ha に減少し，さらに水質浄化機能をもつといわれる干潟の面積も 11,300 ha と減少傾向にある．また人

工海岸は46％を占め増加傾向にあり，自然海岸は38％にまで減少している[4]．過去に造成された人工構造物の周辺海域への長期的な影響など，解明されていない部分が多く，これらも含めた詳細な検討が必要となっている．

近年になり，海洋開発の場にも環境変化が生物生産に与える影響を最小限に，あるいは生産性を更に高めようとする生態工学的手法を用いた環境操作方法など，かつて見過ごされていた方策が工学分野で生態分野の協力のもとに模索されており，その成果が期待される．

§4. 閉鎖性沿岸海域としての沿海

代表的な沿海である日本海は世界の沿海のうちではベーリング海に続いて2番目に深い海（最大水深 3,800 m）であり，図1・8に見られるように，隣接海

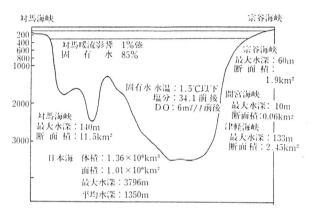

図 1・8 日本海の鉛直断面[10〜11]（対馬海峡から宗谷海峡，海図 No.1009 などから作成）

と接する4つの海峡の断面積および最大水深は極端に小さく，最大の対馬海峡で断面積は 11.5 km², 最大水深は 140 m，最小の間宮海峡にいたっては断面積は 0.06 km², 最大水深は 10 m と極端な閉鎖性をもった海域といえる．それ故，隣接海との水交換は少なく，対馬暖流の影響を受けるのは全水量の1％に過ぎないといわれている．また全水量の85％は固有冷水と呼ばれ，外海との水交換および表層水との鉛直混合はほとんどなく，また年間を通じて水質変化はほとんどないとされている．日本海底層水の溶存酸素量は 6 ml/l 前後を示し[9〜10]，

他の海域の底層に比べると高く，清澄といえる．そのため，適度な生物生産性をもつ清澄な海域としてとらえられ，このことが日本海の沖合底曳網および沿岸底曳網漁業などを支えているといえる．しかるに，最近明らかになった旧ソ連およびロシアの放射性廃棄物の日本海への投棄事件は日本海漁業に大きな問題を投げかけた．従来の調査，また最近の調査でもこの投棄に由来すると考えられる汚染は検出されていないが，閉鎖性海域である日本海への投棄問題に関するロシアの態度はきわめて遺憾といわざるを得ない．日本海のような強い閉鎖性をもった沿海域の環境保全は，沿岸海域同様に非常に重要で，今後，隣接各国とともに積極的に取り組む必要があろう．

§5. 沿岸海域保全のための課題

先述したように環境の汚染は陸上における人類の人間活動の結果，必然的に発生するものであり，資源の輸入・製品の輸出といったわが国の化石資源浪費型産業形態が汚染問題の背景にある．このことは環境汚染問題を解決する上で，人の生活の利便性を犠牲にし，豊かな経済生活水準を低下させることが一つの環境保全方法となることを意味する．また一方，環境汚染を技術的手法のみで突破しようとする突進型解決法がある．この方法は過去のわが国の進んだ道であり，エンドレスの技術開発を必要とする危険な方法でもある．もう一つの方法として，人の意識，産業構造，社会構造およびエネルギー需給構造などを変革し，環境を考慮したやさしい方向にもって行く方法が考えられる．沿岸海域保全のためには恐らく，三者それぞれ取り込んだマイルドな構造変革を目指すことが必要であろう．

人間活動が海域生物の生息環境に与える影響は，生物相を破壊しかねない河川由来の沈泥，沿岸域の熱汚染，流出油汚染問題[12]および重金属汚染問題など多岐に亘る．これら一つ一つを水産だけの問題として捉えるのではなく，同一環境に生息する多くの生物の生育環境変化として捉えることにより，恐らく調和した環境保全の方法が開かれて行くものと期待できる．

沿岸漁業にとっては海域の高い生物生産性を維持することがまず第一の目標となる．また高度経済成長期に失われた海洋環境の回復方策を，今，綿密に構築する必要が生じている．これには生物成育環境を充分考慮した，開発サイド

の積極的な参加が必須となる.

文　献

1) 農林水産省統計情報部：漁業・養殖業生産統計年報, 1994, 289 pp.
2) 水産庁瀬戸内海漁業調整事務所：平成4年瀬戸内海の赤潮, 1993, 40 pp.
3) T. Manabe and S. Ishio: *Marine Pollution Bulletin,* **23,** 181-184 (1991).
4) 瀬戸内海環境保全協会：瀬戸内海の環境保全―資料集―平成5年度（環境庁水質保全局監修）, 1994, 200 pp.
5) 眞鍋武彦・反田　實・堀　豊・長井　敏・中村行延：沿岸海洋研究ノート, **31,** 169-181（1994）.
6) 眞鍋武彦：海と空, **67,** 1-9（1991）.
7) 柿野　純：水産土木, **23,** 41-47（1986）.
8) 眞鍋武彦・近藤敬三：昭和61年度日本水産学会春季大会講演要旨集, 144（1986）.
9) 半田亮司・岩渕光伸・福永　剛・本田一三・山下輝昌：福岡県水産海洋技術センター研究報告, **2,** 135-141（1994）.
10) 国立天文台編：理科年表, 丸善, 1994, pp. 676-678.
11) 和達清夫監修：海洋大事典, 東京堂出版, 1987, pp. 383-384.
12) 緒方正名・藤沢邦康：石油による海洋汚染と環境及び生物モニタリング, 日本水産資源保護協会, 1991, 104 pp.

2. 環境にやさしい増養殖

伊 藤 克 彦*

　水産増養殖が本格的に始められてから20年余りが経過する中で，排他的経済水域あるいは漁業専管水域としての 200 海里体制の世界的な定着が漁業生産の場に大きな変化を及ぼしつつある．わが国の漁業生産は量・額ともに1970年以降順調に増加し，1985年頃に最高に達したのち減少傾向にある．このような状況下で，養殖漁業は遠洋漁業とは対照的に生産を伸ばし，1991年には全漁業生産にしめる養殖生産の割合は，量にして13%，額にして25%になった．また養殖業と場を共有する沿岸の漁業生産は全生産量の 19%，全生産額の 30% を占め，さらに沿岸水域からの総漁業生産（養殖＋沿岸漁業）は全生産量の32%，全生産額の 55% を超えるまでになっている[1]．このようにわが国の漁業生産の中で沿岸での増養殖・漁業生産は重要性を増しており，生産の場としての沿岸・内湾水域の環境保全の必要性はますます高まってきている．

　養殖生産の順調な増加の中で，魚介類養殖を行うことにより漁場の環境が悪化し生産能力の低下する，いわゆる自家汚染と呼ばれる環境変化が顕在化し，養殖のあり方に対して環境から見直しを求める状況が生れてきている．そのためここでは海面を利用した給餌型魚類養殖における漁場環境の現状と研究について概括し，増養殖生産を将来にわたって持続的に維持・発展させていくために必要な漁場環境に関わる課題について整理を試みた．

§1.　養殖漁場環境の実態

　海面養殖は海藻や貝類養殖に代表される生態系の構成要素を活用して生産をあげる生産生態系依存型養殖と，給餌型魚類養殖に代表される生存の場としての水空間を使って生産を行う水依存型養殖とに分けられる．どちらの養殖型も生物を集約的に飼育・栽培することでは共通している．しかし給餌型養殖は飼料を人為的に系外から搬入し，漁場を生存のための水・酸素供給の場と自身の

---

* 水産庁養殖研究所

排泄物や残餌などの終末処理の場として利用する養殖法といえる.

このような漁場利用の違いは漁場環境への影響に大きな違いをもたらす. 湾の地形や流れなどに配慮して魚・貝・藻の漁場を配置している三重県五カ所湾

表 2・1 五カ所湾の魚介類養殖漁場における底質環境（平均値と範囲：1984～1985, 1992～1993）. 養殖研究所（1988）および伊藤（未発表）より作表

	養殖漁場の種類		非養殖漁場		備　考
	貝類(真珠)養殖	魚　　類 (タイ, ブリ)	湾口部	湾奥部	
全硫化物 mg/g 乾泥	0.161 (0.035～0.47)	1.96 (0.62～3.1) 2.06 (0.043～4.3)	0.004 (<0.001～0.007)	0.439 (0.068～0.86)	0～3 cm 層平均 (1984～1985) 0～1 cm 層平均 (1992～1993)
Eh mV	+172 (+86～+341)	−11 (−87～+250)	+323 (+178～+391)		(1984～1985)
フェオ色素 μg/g 乾泥	45.3 (15.9～60.6)	98.2 (64.7～112.8)	4.9 (1.3～14.5)		(1984～1985)
TOC mg/g 乾泥	20.4 (13.1～23.6)	23.4 (20.7～29.5)	2.1 (1.5～3.2)		(1984～1985)
TN mg/g 乾泥	2.51 (1.0～2.8)	3.53 (2.6～4.5)	0.37 (0.23～0.45)		(1984～1985)

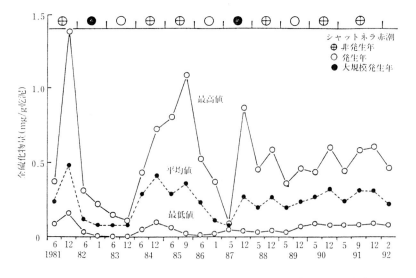

図 2・1 北灘（播磨灘南部沿岸）ブリ養殖漁場における底泥中の全硫化物量の経年変化. 5定点の観測値の範囲と平均値. 大塚ほか（1990, 1991）より改変・作図.

における各漁場の底質（全硫化物量，酸化還元電位，全有機炭素量，全窒素量，フェオ色素量）[2]を比べると（表 2・1），魚類養殖漁場の底質は貝類養殖漁場に比べて著しく劣化していることが指摘される．またブリ養殖に長い歴史のある播磨灘の南部に位置する北灘漁場における底泥の全硫化物濃度（漁場平均）の1981～1992年までの推移[3,4]をみると（図 2・1），全硫化物濃度は1988年以降では増減変動はあるけれども高い値のまま概ね安定的に経過してきている．魚類養殖は発展の過程で，おもに西日本の内湾域を中心に閉鎖性の強い水域にまで漁場を拡大するとともに，長崎県の五島列島や壱岐・対馬などの開放的な水域でも活発に行われるようになった．そして魚類養殖が盛んになると時を同じくするように，瀬戸内海を始めとするおもな魚類養殖漁場ばかりでなく，五島列島や対馬のような汚染とは無縁と思われる漁場においてもギムノディニウムやシャットネラといわれる有害赤潮が頻発し，ときには重大な漁業被害をもたらしている[5,6]．そして今日まで有害赤潮の発生と被害の問題は依然として残されている．

　魚類養殖による環境への影響の知られている数多くの例から，養殖行為がもたらす漁場環境の変化とそれが及ぼす影響を要約すると次のようになる．養殖のための魚と餌料は，残餌と魚から排泄される糞・尿を介して海底泥や水中への有機物蓄積，夏季における底層水の貧酸素化や底泥中での硫化物をはじめとする有害物質生成のもとになり，さらに過密養殖とも合わさって養殖魚の成長低下，病害の発生ならびに有害赤潮の発生などを促している．このような養殖漁場環境の実態は程度の違いはあるものの，今日まで古くて新しい問題として私達の前に横たわったままである．

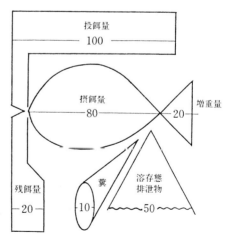

図 2・2　投餌量（タンパク質）の環境と魚体への配分の模式図．マダイを例にして．山口（1978）より改変・作図．

§2. 養殖漁場環境の解析

　給餌養殖による漁場環境の汚染を防ぐには汚染機構を正確に把握することが基本である．そのため，まず汚染源となる餌料の環境と魚体への配分割合を明らかにしておく必要がある．図2·2はタイ養殖を例に山口[7]が整理した結果を参考にして，漁場に投入された餌料の残餌と摂餌（成長・排泄）への配分割合をタンパク質をベースにして模式的に示したものである．投餌量の20%は残餌であり，環境に直接に負荷される．残り80%は魚に食べられる．この80%の中で20%は増重にまわり，残り60%は魚体を通過してふん尿として環境に放出される．したがって100の投餌量のうち，80は何らかの形で環境に負荷されることになる．またサケ養殖における投餌量の魚と環境負荷との配分に関する報告[8,9]によれば，炭素・窒素・リンなどのベースで投餌量100は魚体増重分20〜25と環境負荷分75〜80になることを示している．このことは給餌養魚による環境負荷は少なくとも投餌量の80%程度と見込む必要のあることを示唆してい

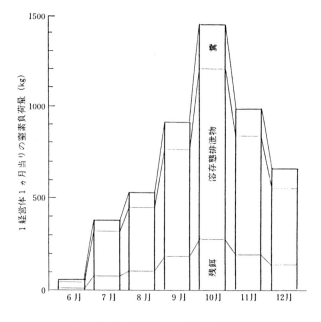

図2·3　浦の内湾，ブリ養殖経営体による養魚に伴う窒素負荷量（平均値）．
高知県水産試験場（1985〜1987）より作図．

る．そこでこれらの配分割合を基礎に養殖が現場漁場に加える負荷の大きさを高知県水産試験場の報告[10~12]をもとに，浦の内湾を例にして概算した．浦の内湾の養殖はおもにブリを対象にして6月から12月の7カ月間で行われる．湾内漁場の1経営体が毎月放出する窒素量（標本経営体の平均値）は6月の60 kgから，魚の成長に伴う給餌量の増加を反映して10月には最高の約1,450 kgに達してのち，11と12月に減少する（図2·3）．さらに養殖漁場全域を対象にして，陸と海底からの負荷を加えた時の状態を試算して図2·4に示した．6月から12月までに漁場に負荷された総窒素量は279トンで，このうち陸からの流入負荷が全体の10.3％，底泥からの溶出負荷が9.7％，養殖負荷が80％（223トン）であり，養殖による負荷が際立って大きい．残餌成分を投餌量の20％，糞の95％が速やかに溶出して溶存成分になるとした場合の養殖由来の溶存態窒素の負荷量は177トンと見積られた．この量は総養殖漁場面積（$271.76 \times 10^4 m^2$）を基礎にした時の1 m^2，1日当り0.31 gの窒素量として魚から放出されることになる．これを各月毎の窒素負荷量にして試算すると，漁場が鉛直的に安定する7

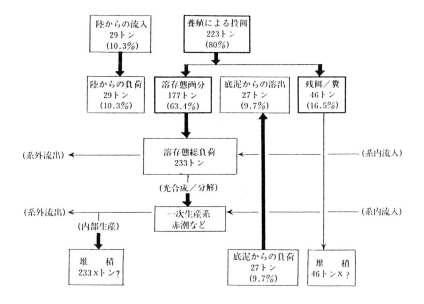

図2·4 養殖漁場への窒素負荷量に占める養殖負荷の大きさとその行方．浦の内湾を例にして．高知県水産試験場（1985～1987）より整理し，作図．

～8月の時期には1日1m²あたり0.169～0.230g, 循環期の10月には0.625gの窒素が負荷されることになる（表2・2）. さらに陸からの全ての負荷を溶存態と仮定して, 陸からの流入負荷と底泥からの溶出負荷を加えた溶存態窒素の総負荷量は233トンで, 1日・1m²あたり0.408gの窒素負荷（平均）になる. 現在のところ, これらの値を負荷の大きさの面から評価することは難しいけれども, 水産用水基準の無機態窒素濃度0.1ppm[13]（暖流系の内湾内海域で連続長期にわたる赤潮の発生を避けるための濃度）が参考になるかもしれない. 残餌と糞からなる負荷46トンの何割が底泥に加えられるかは漁場の諸条件により影響されて特定できないので, 仮にすべてが負荷されるとして, 底泥での1日・1m²あたりの窒素負荷量は0.0806gになる.

表 2・2　給餌型魚類養殖に由来する溶存態窒素の6月～12月までの月別の負荷量.
浦の内湾の養殖漁場の関係資料を基にした試算.
単位: gN/m². 1日
（高知県水産試験場, 1985～1987より作成）

月	窒素負荷量
6 月	0.026
7 月	0.169
8 月	0.230
9 月	0.400
10月	0.625
11月	0.429
12月	0.291
平　均	0.310

湾内の養殖水域面積: 271.76×10⁴ m²
水産用水基準（日本水産資源保護協会, 1983）: 無機態窒素量　0.1 ppm

溶存態窒素は環境中の分解者や一次生産者などを経て高次の栄養段階へと受け渡される. 夏季の浦の内湾では, 植物プランクトンの大増殖が長期間にわたって起こり, 透明度が2～3m以下になることも珍しくないこと[9,10]から, 溶存態窒素はおもに一次生産系に組み込まれると考えられる. この一次生産量は食物網や海水交換などにより系外に運ばれたり, 内部生産の形で系内に保存され, 海底泥中に蓄積されることになる.

魚類養殖漁場における養殖負荷物質の動態については, 多くの解析的な研究が行われ, その成果は今までに幾度となく討議され, まとめられてきた. その成果の一部を以下に示した. 残餌や糞などの沈降物質の堆積範囲は飼料の形態, 漁場の流速と水深とに密接に関係し[14], 小割いけす網の直下に全沈降量の40～70%, その周辺25m以内に90%, 50m以内にほぼ全量が沈降している[15]. また餌料に由来する新生堆積物の分解速度について, 新生堆積物が第2年次の堆積物になるまでの分解量は有機炭素と有機窒素各々で71%と89%と大

きく，既存の堆積物からの分解量はかなり小さい[16]．例えば野見湾のような開放的な海水交換のよい漁場では，年間の有機物分解量は80％前後であり，底泥への負荷有機物の大部分は1年サイクルで分解・流出するけれども，浦の内湾のような閉鎖的な水域での年間の分解量は50〜60％と低く，年間負荷量の半分程度が蓄積され，負荷有機物の蓄積が急速に進行する[17]．さらに魚類養殖は底生生物群集の組成に変化を促し，とくに多毛類が増加し軟体類や甲殻類が急激に減少する．その変化の影響は，はじめに養殖場周辺に，つぎに汚染の進行に伴い湾央に拡大する[18,19]．その他に，養殖密度と魚病による死亡率との間に密接な関係のあること[20]も指摘されている．

§3. 養殖漁場の管理・再生

給餌型養殖の環境に対する負荷を最小限にとどめ，漁場を持続的にかつ適正に利用するための研究も精力的に行われてきている．それらの研究は環境への負荷を極力小さくした転換効率のよい飼料の開発，漁場の特性に配慮した効果的な漁場利用を行うための養殖環境の評価法の開発，漁場の総合的な環境管理のための指標の探索と漁場管理モデルの開発，老朽化した漁場の再生と環境改善のための物理，化学および工学的方法の開発，などに整理される．

飼料の開発については，生餌からの脱却をめざしてモイストペレットの開発が行われた[21]．Watanabe[22]は魚ミンチ飼料とモイストペレット（魚ミンチ50＋マッシュ50）の環境への負荷を比較し，モイストペレットは魚ミンチに比べて魚の成長に殆ど違いがなく，残餌による負荷を1/7に減らし，糞や尿による排泄負荷を2倍に増やすことを明らかにした．開発されたモイストペレットは養殖現場へ普及が図られており，さらに残餌による負荷を一層軽減するのに効果的な配合飼料（ドライペレット）の開発が急速に進められている．

養殖漁場を適正に管理・利用する上で，漁場における溶存酸素濃度の動向は重要である．平田・門脇[23]は漁場の溶存酸素濃度の水平鉛直分布から養殖天気図をつくり，漁場内外の酸素減少率（％）が養殖魚の日間死亡率と深く関係することを明らかにした．そして酸素減少率から導き出した漁場の環境偏差値により，漁場環境を3段階で評価できることを示すとともに，対象にした38漁場のうち養殖漁場として合格を与えられる評価Aは14漁場にすぎないことを指摘

した．また養殖漁場を適正に利用するための底質基準について，畑[24]は底泥中のCODとして20〜30 mg/g 乾泥を，またこれと密接に関連して生成される硫化物の含有濃度規準を0.2〜1 mg/g 乾泥を目安にするだけでなく，COD/IL比のような指標の積年変化を把握し，解析する必要性を述べている．漁場環境の適正管理のあり方については，おもに指標を中心に解析されて，一部実用化のステップを踏んでいるものもある一方で，漁場の流況，溶存酸素濃度，負荷量，浄化量，魚の飼育に関する諸要因などの実測値をもとに，養殖漁場の管理定量化のための数値モデルを構築し，それを漁場管理に活用するための努力が重ねられている[25,26]．この数値モデルは残餌と糞の沈降・堆積速度，植物プランクトンの生産過程，非生物有機炭素と溶存態有機炭素の生産と分解速度，水中の溶存酸素収支などのサブモデルから構成されている．

1990年に行われた海面養殖と養魚環境に関するシンポジウムにおいて，漁場を適正に管理・利用するための基準が提案されている[27]．それによれば

(1)養魚場内の溶存酸素濃度は養魚場外の酸素の90% 以上で平衡が維持される，(2)海水中の珪酸をモニターとして，その半分量に窒素量をコントロールする，(3)底層水の溶存酸素濃度は周年 3 ml/l 以上で平衡が維持される，(4)魚病が発生しない魚の適正収容密度はブリで 1.6 kg/m³，マダイで 3.0 kg/m³，(5)底質の COD 及び硫化物の基準を 20〜30 mg/g，0.2〜1 mg/g 乾泥をめやすにする，などである．

これらの値は現実に養殖を行っている漁場の環境実態とかなりの開きがあるけれども，養殖による漁場環境の汚染を防ぐための達成目標の一つに位置ずけ，あらゆる角度からの取り組みが期待される．

漁場環境を改善するために，従来から底質改良のための石灰[28]や粘土散布[29]，覆砂[30]，海底耕耘[31]，海底曝気[32]などの方法が開発され，それぞれについて実施マニュアルが整えられた．さらに汚染漁場の復旧のためのポンプ循環による海水の鉛直混合[33]，海水交換促進のための湾口改良，水路掘削，作澪，導流堤の設置が，また貧酸素化防止のための密度流作澪，潮汐ダムの建設などの提案[34,35,36]が行われてきている．

§4. これからの課題

はじめに述べたように，わが国の漁業生産の場は沿岸・内湾域にその重点が移る傾向にあることから，この水域を将来にわたって健全に保護しつつ，利用していかねばならぬことは，誰もが理解するところであろう．今までに魚類養殖がもたらした環境負荷の反省に立ち，養殖漁場は漁業者独りの所有物ではなく，その利用と管理を国民から付託されているということを改めて認識しておくことが大切である．

海面養殖のほぼ四半世紀にわたる歴史の中でいま，漁場環境を自らの手で保全し，養殖を発展させるために，養殖を行わない冬季に漁場を耕したり，漁場を連続的に使うことなく必ず休養期間を設けるとか，負荷物質の蓄積を避けるための沖合い養殖化などの取り組みが行われている．沿岸・内湾水域を生産の場として利用していく私達の立場からは，今までの研究と実践の蓄積を糧にして養殖による環境への影響を極力おさえ，漁場をよりよい生産環境へと改善あるいは修復していくために，

(1)現在の漁場行使の実態を再点検し，漁場を物質循環の観点から再評価して利用法を見直す，(2)増殖と養殖が漁場を共有し，ともに発展するための漁場環境の質と管理の在り方を検討する，(3)環境改善機能をもつ生物の利用法を確立し工学的技術との結合を推進する，(4)負荷軽減のための新飼料の開発と餌料と魚に由来する負荷物質の回収法を確立する，(5)汚染漁場（放棄漁場）の再生と好適生産環境の創出技術を開発する，(6)研究成果を現場で検証し，実用化を円滑に進めるための漁業，行政，研究間の連携の構築と実践，などについて努力していくことが必要である．ここに掲げた課題の中にはすでに取り組みが始められているものもあるけれども，早急に研究態勢の充実と組織化をはかって，解決に向けて歩みを進めることが期待される．

文　献

1) 水産庁漁政部企画課：平成3年水産統計指標，158 pp.，水産庁（1993）.
2) 水産庁養殖研究所：五ヶ所湾における海洋観測記録（1984年～1985年），養殖研資料 No. 5，108 pp.，（1988）.
3) 大塚弘之・萩平　將・吉田正雄：徳島県水

産試験場平成2年度事業報告書，212-216（1992）.
4) 大塚弘之・萩平　將・吉田正雄：徳島県水産試験場平成3年度事業報告書，210-213（1993）.
5) 代田昭彦：昭和57年度九州海域赤潮予察調

査報告書（西海ブロック），水産庁，1-7（1983）.

6）代田昭彦：海面養殖と養魚場環境（渡辺競編），恒星社厚生閣，1990, 11-27.

7）山口正男：タイ養殖の基礎と実際，恒星社厚生閣，1978, 414 p.

8）Bergheim A., J. P. Aabel and E. A. Seymour：Nutritional strategies & aquaculture waste. (C. B. Cowey and C. Y. Cho (Eds.)) 1991, 117-136.

9）Gowen R. J., D. P. Weston and A. Ervik：Nutritional strategies & aquaculture waste （C. B. Cowey and C. Y. Cho (Eds.)) 1991, 187-205.

10）高知県水産試験場：昭和60年度赤潮対策技術開発試験報告書，1986, 92 pp.

11）高知県水産試験場：昭和61年度赤潮対策技術開発試験報告書，1987, 105 pp.

12）高知県水産試験場：昭和62年度赤潮対策技術開発試験報告書，1988, 146 pp.

13）日本水産資源保護協会：水産用水基準（改訂版），1983, 29 pp.

14）荻野静也：浅海養殖と自家汚染（日本水産学会編）. 恒星社厚生閣，1977, 31-41.

15）窪田敏文：浅海養殖と自家汚染（日本水産学会編）. 恒星社厚生閣，1977, 9-18.

16）田中啓陽：浅海養殖と自家汚染（日本水産学会編）. 恒星社厚生閣，1977, 42-51.

17）畑　幸彦・片山九五：浅海養殖と自家汚染（日本水産学会編），恒星社厚生閣，1977, 52-66.

18）北森良之介：浅海養殖と自家汚染（日本水産学会編）. 恒星社厚生閣，1977, 67-76.

19）玉井恭一：海面養殖と養魚場環境（渡辺競編），恒星社厚生閣，1990, 69-78.

20）楠田理一：海面養殖と養魚場環境（渡辺競編），恒星社厚生閣，1990, 79-87.

21）水産庁研究部漁場保全課・全国漁業協同組合連合会・三重県浜島水産試験場・香川県水産試験場・愛媛県水産試験場：赤潮対策技術開発試験マニュアル集，水産庁，1983, 51 pp.

22）T. Watanabe：Nutritional strategies & aquaculture waste (C. B. Cowey and C. Y. Cho (Eds.)), 1991, 137-154.

23）平田八郎・門脇秀策：海面養殖と養魚場環境（渡辺　競編），恒星社厚生閣，1990, 28-38.

24）畑　幸彦：海面養殖と養魚場環境（渡辺競編），恒星社厚生閣，1990, 51-68.

25）日本水産資源保護協会：昭和63年度養殖漁場管理定量化開発調査報告書，水産庁，1989, 266 pp.

26）日本水産資源保護協会：平成元年度養殖漁場管理定量化開発調査報告書，水産庁，1990, 156 pp.

27）渡辺　競・河合　章・丸山俊朗：海面養殖と養魚場環境（渡辺　競編），恒星社厚生閣，1990, 123-130.

28）水産庁研究部漁場保全課・三重県水産試験場：赤潮対策技術開発試験マニュアル集，水産庁，1983, 9 pp.

29）水産庁研究部漁場保全課・芙蓉海洋開発株式会社：赤潮対策技術開発試験マニュアル集，水産庁，1983, 16 pp.

30）水産庁研究部漁場保全課・高知県水産試験場：赤潮対策技術開発試験マニュアル集，水産庁，1983, 16 pp.

31）水産庁研究部漁場保全課・和歌山県水産試験場：赤潮対策技術開発試験マニュアル集，水産庁，1983, 17 pp.

32）水産庁研究部漁場保全課・香川県水産試験場：赤潮対策技術開発試験マニュアル集，水産庁，1983, 19 pp.

33）河合　章・来田秀雄・前田広人：海面養殖と養魚場環境（渡辺　競編），恒星社厚生閣，1990, 110-121.

34）木村晴彦：海面養殖と養魚場環境（渡辺競編），恒星社厚生閣，1990, 99-109.

35）高知県水産試験場：平成3年度貧酸素水塊被害防止対策事業報告書，1992. 22-43

36）高知県水産試験場：平成4年度貧酸素水塊被害防止対策事業報告書，1993, 21-40.

3. 新しい遊漁を求めて

中　山　尊　裕*

　遊漁と環境との問題はいろいろの面から考えられよう．主に淡水域での外来魚の移植・放流問題などもその本来の生態系への影響など重要な問題も含むが，ここでは海面での遊漁を対象とし，毎日の行政の中で考えていることを紹介してみたい．本稿の骨子は表3・1に示した通りで，環境調和型と仮にここで名付けた新しい遊漁をめざすわれわれの問題意識が理解して貰えれば幸いである．

表 3・1　遊漁の現状と今後の展開方向

1　遊漁の現状
　（1）　遊漁の伸長
　　　　昭和63年遊漁人口延べ3,500万人
　　　　特にプレジャーボート使用者数500万人
　（2）　位置付け
　　　　海洋性レクリエーションの中で中心的位置付け
2　現在の課題
　（1）　漁場利用―漁業との競合
　（2）　水産資源・漁場環境の保護
　　　　―釣獲量主義，漁場汚染への批判
3　取り組みの現状
　（1）　漁業者との協調
　　　①　漁場利用の話し合いの場つくり
　　　　―漁場利用調整協議会
　　　②　漁場利用協定等漁業者，遊漁者間における取り決め
　（2）　ルール・マナーの啓発
　（3）　釣獲量主義の是正の動き―キャッチ・アンド・リリース，放流事業の実施
　（4）　クリーンアップ事業（釣り糸回収事業）
　（5）　釣り指導員（釣りインストラクター）の養成
　（6）　青少年ふれあい体験事業
4　今後の展開方向
　（1）　資源管理型漁業に対応する新たな遊漁の展開
　　　　―環境調和型遊漁の展開による自然と共存し得る遊漁の必要性
　（2）　海洋性レクリエーションと漁業との調和のとれた海面利用の形成
　　　　―海面利用総合整備事業の展開

---

* 水産庁

§1. 遊漁の現状

1·1 遊漁の伸張　最近の国民の自然志向，健康志向あるいは所得水準の向上といった社会経済的な背景から，統計によれば昭和63年の遊漁人口は延べ3,500万人となっている（表3·2）．特に近年はヨット，モーターボートといったプレジャーボートを使って海を楽しんでいる人々が500万人にも上っている．

表3·2　延べ海面遊漁者数の推移　　　　　単位：千人

	昭和53年	昭和58年	昭和63年
釣り	17,613(100)	24,817(141)	29,455(167)
船釣り	—	10,001(100)	11,850(118)
遊漁案内利用者	—	6,806(100)	6,915(102)
プレジャーボート使用者	—	3,195(100)	4,935(154)
その他の釣り	—	14,816(100)	17,604(119)
潮干狩	2,938(100)	3,303(112)	4,801(163)
潜水	23(100)	9(39)	101(439)
その他	2,114(100)	2,804(133)	1,005(48)
合計	22,688(100)	30,933(136)	35,361(156)

注：（　）は昭和53年の値を100とした場合の％
（資料）農林水産省「漁業センサス」

1·2 遊漁の位置付け　こういう意味から，遊漁は，今日では，海洋レクリエーション，サービス産業の中で中心に位置付けられていると認識している．表3·3に海洋レクリエーションの種類を示しておく．

表3·3　海洋性レクリエーションの種類

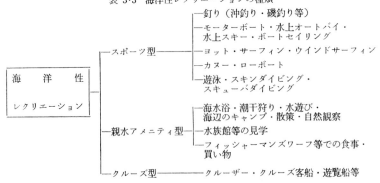

表 3・4　遊漁と漁業とのトラブル事例の類型化

トラブルの場所＼トラブルの対象	陸からの遊漁者（磯渡し船の利用客含む）	プレジャーボート使用者			遊漁案内利用者
		水産動植物を採捕するもの		水産動植物を採捕しないもの（ヨット，水上スクーターなど）	
		係留されないもの（ゴムボートなど）	係留されるもの（モーターボートなど）		
漁港およびその周辺地域	無秩序な駐車，ゴミの廃棄による漁港機能への影響　コンブ干し場などへの侵入による被害	無秩序な駐車，ゴミの廃棄による漁港機能への影響	無秩序な駐車，ゴミの廃棄による漁港機能への影響　漁港での無秩序な係留による漁港機能への影響	無秩序な駐車，ゴミの廃棄による漁港機能への影響　漁港での無秩序な係留による漁港機能への影響	利用客による無秩序な駐車，ゴミの廃棄による漁港機能への影響　漁港での無秩序な係留による漁港機能への影響
海　地先海面（定置，養殖施設の周辺を含む）	投釣り，夜釣りによる漁船の航行への影響　大量のまき餌による漁場の荒廃　ゴミ，釣り糸の廃棄による漁場の荒廃　貝，エビ等の密漁　漁場慣行を守らない	定置，養殖施設への係留による漁具被害，イタズラ　大量のまき餌による漁場の荒廃　ゴミ，釣糸の廃棄による漁場の荒廃　貝，エビなどの密漁　漁場慣行を守らない	定置，養殖施設への係留による漁具，被害，イタズラ　大量のまき餌による漁場の荒廃　ゴミ，釣糸の廃棄による漁場の荒廃　貝，エビなどの密漁　漁場慣行守らない	無謀な操船による漁具，漁船への被害　ボートのうねりによる漁業作業への影響（ノリ養殖，採貝）　水上スキー，水上スクーターにより魚が逃げる	大量のまき餌による漁場の荒廃　ゴミ，釣糸の荒廃による漁場の荒廃　漁場慣行を守らない
面　沖合域	—	—	一本釣漁業などとの漁場競合（空間）　大量のまき餌による漁場の荒廃　漁船より設備の優れたボートに対する漁業者の不満（漁船への規制が適用されない場合）　採捕による水産動植物資源への影響（減少）	—	一本釣り漁業などとの漁場競合（漁場の占有，漁業操業への支障，人工魚礁の利用）　大量のまき餌による漁場の荒廃　漁船より設備の優れた遊漁船に対する漁業者の不満（漁船への規制が適用されない場合）　採捕による水産動植物資源への影響（減少）

§2. 現在の課題

2·1 漁場利用——漁業との競合

現在，沿岸漁業と遊漁との調整が行政における一つの大きな課題となっている．すなわち水産環境保全の立場から現在の課題を考えた場合，行政的には2つの大きな問題があると認識している．1つは漁場利用における漁業者との競合である．これは遊漁，特に釣りは魚を獲るという行為であるので，どうしても漁場での漁業，特に沿岸漁業との競合，トラブルといったものが起こりがちである．こういう漁場利用の問題が行政サイドとしての1番の課題になっている．これまでの遊漁と漁業のトラブルの事例を類型化したものを表3·4に示す．

2·2 水産資源・漁場環境の保護——釣獲量主義，漁場汚染への批判

2番目の問題としては水産資源と漁場環境の保全，保護に関するものである．この面で遊漁に対して厳しい批判がある．

まず水産資源の保護という立場からすると，釣獲量主義という考え，とにかく魚の量をたくさん獲るということが関係者の頭からなかなか抜けきれないことが問題である．こういう釣獲量至上主義のために，水産資源への配慮というものが現実的には現場で徹底していない．われわれとしてもどうやって資源の問題を関係者に周知徹底させるのか，行政問題として真剣に取り組む必要を感じている．遊漁による漁獲量に関する十分な統計はまだ整備されていないが，調査結果の一例を表3·5に示す．東京，神奈川のマダイのように遊漁による釣

表 3·5 遊漁による年間釣獲量（推定値）　　　　　　（単位：トン）

	総 釣 獲 量	マダイ釣獲量	海面漁業による総漁獲量	海面漁業によるまだい漁獲量
東　　　京	829	17	671,710	3
神　奈　川	5,120	169	96,930	57
三　　　重	1,832	57	233,589	153
和　歌　山	4,500	147	65,019	452
福　　　井	1,379	119	25,626	155
京　　　都	198	62	99,410	90
鳥　　　取	458	35	432,022	114

注：釣獲量調査期間は昭和61年7月から62年6月

（資料）（社）日本水産資源保護協会「船釣り遊漁釣獲量調査報告書」及び農林水産省「昭和62年漁業・養殖業生産統計年報」

獲量の方が漁業者の漁獲量を上回る場合もある．

　もう1つは漁場環境の問題で，漁場を汚染することについての批判にどう答えるかである．特に餌の大量使用の問題は，遊漁の最近の著しい伸びも手伝って，釣り餌による漁場環境の汚染に対する非常に厳しい社会的な批判が提起されている．特に水産環境保全の研究といった本シンポジウムのテーマからすると，資源，環境の保護・保全に行政としてどうアプローチをしていくのかといったことが，問われていると受けとめている．

§3. 取り組みの現状

　次にわれわれがどういった形で取り組んでいるのか，あるいは関係者が自ら取り組んでいるかといったことを取り上げたい．

　3·1　漁業者との協調　　1つは漁業者との協調を考えている．特に先ほど述べたように漁場の利用という面でかなり沿岸漁業者との間で競合する面が出てくるので，なんとか話し合いの場をもち，その中で解決を図る必要があろう．漁業者・遊漁者の実質的な話し合いの中で，お互いに必要な取り決めを行い，それを両者間で紳士的に守るといったことを徹底させていくことが，行政の上で取り組んでいる対応の状況である．漁業者・遊漁者の間の資源保護あるいは漁場環境といった観点からいえば，漁場の利用の仕方について両者は車の両輪ともいえ，今後ますます両者の融和を図っていくことが1つの大きな課題となっていくであろう．

　3·2　ルール・マナーの啓発　　表3·1に示した2番目以下は行政として場合によっては若干の予算，補助金といったものを遊漁者に支援して，遊漁者自身に取り組んで貰うことをいくつか取り上げたものである．まずルール・マナーといったものについて社会的な問題提起が現実にあるわけで，遊漁者に対してそういう点で問題意識を喚起していきたい．

　3·3　釣獲量主義の是正の動き――キャッチ・アンド・リリース，放流事業の実施　　それから特に資源の問題について釣獲量主義の是正を行っている．最近は神奈川県で水産試験場の協力を得て，稚魚の放流を遊漁者自身が実施している．また獲った魚は小さいものは海にかえす，キャッチ・アンド・リリースを自主的に遊漁者自身が行うことで資源の保護に努めていくことを，プレジ

ャーボートの関係の団体が取り組んでいる．これは**資源管理型漁業**に相当し，それと同じ問題意識をもって自主的に資源の保護保全に努めているわけである．行政的にはこうした問題意識をどうやって今後3,500万人という遊漁の人口全体に広めていくのか，というのが今後の課題ではないかと考えている．

3·4 クリーンアップ事業 それから4番目のクリーンアップ事業というのは遊漁者自身による釣り糸の回収などである．これは1つは漁場環境の保全，特に砂浜の保全ということに対して，遊漁者自身が自主的に取り組んでおり，それに対して行政が若干の財政的支援をしている．これは遊漁者自身の取り組みの努力，漁場環境に対して問題意識をもってこういうことをやっている，という紹介の意味で挙げたわけである．

3·5 釣り指導員（釣りインストラクター）**の養成** これは釣り人の中で指導的な立場の人を育てて，一般的な遊漁者に対して資源の保護，環境の保全といったことに関する指導を進める事業である．われわれは釣りインストラクターといっているが，こういう人々に社会的，公共的立場からいろいろ指導して貰うことを行っている．これをさらに全国的な組織として広げていくことが課題であろう．

3·6 青少年ふれあい体験事業 これは今後大人になってゆく青少年，特に子供に対して，釣りを通して漁業に対する問題意識，魚・自然保護に対する問題意識をもって貰うことを目的としている．そういう意味で，稚魚の放流あるいは獲った魚を実際に海に放す，といったことを自分の手で体験してもらう事業を実施しているのである．

行政的立場として，最近の遊漁に対する批判に対して現実的にこういう形で取り組んできているし，遊漁者も資源や環境に対する問題意識をもって自主的に取り組んでいることを理解してほしい．

§4. 今後の展開方向

こういった遊漁に対する取り組みの現状をふまえて，行政として今後どういう形で水産環境保全に取り組んでいくか，予算的あるいは財政的な裏付けをいろいろ考えていく必要もあろうが，とりあえず私見を述べたい．

4·1 資源管理型漁業に対応する新たな遊漁の展開——環境調和型遊漁の展

開による自然と共存し得る遊漁の必要性　　まず日本周辺の多くの資源で開発が進み，今後資源の有効利用，そのための資源管理の重要性の認識から，水産庁として資源管理型漁業に取り組んでいる背景がある．資源管理型漁業の内容は多岐にわたるが，小さい魚は逃がすあるいは網目を大きくする，場合によっては休みを設けるとか，管理のために漁獲努力量の抑制や生物学的な規制などを行っている．漁業側のこうした資源管理の取り組みに遊漁の立場として対応するために，どういうアプローチができるのかを考える必要があろう．遊漁対策室としては資源管理型漁業に対応するような新たな遊漁，いわば環境調和型遊漁といったものの展開を図る必要があると考えている．本日のシンポジウムが水産環境保全研究というタイトルなので，環境調和型という言葉をとりあえず使ったのだが，自然共存型とか，資源配慮型とかいろんな資源管理型に対応するキャッチフレーズを考える必要性を感じている．自然と共存し得る遊漁，資源の保護に十分配慮した遊漁を遊漁者全体の中にどういった形で問題意識として定着させるのかということが重要であろう．遊漁者が誰でもその言葉を聞けば自然に資源だとか環境に対して考えるというような，遊漁者にそういう問題意識を自然にもって貰うような，新しい概念を打ち出してゆく必要があると考えている．

　一昨年有識者の方々に集まって貰い，遊漁問題懇談会を設け，遊漁に対して多方面，多角的に検討，論議をお願いした．その結果をまとめた報告書[1]も出している．その報告書をふまえて，今後新しい遊漁の概念を打ち出してそれを世の中に広めていくことをめざしたいと考えている．

表 3·6　海洋性レクリエーション参加人口の推移（遊漁を除く）　（単位：万人）

	57年	58年	59年	60年	61年	62年	63年	元年
ヨット・モーターボート						170	100	150
スキューバダイビングスキンダイビング	―	―	―	―	―	130	100	200
サーフィン・ウインドサーフィン						170	140	140
合　　　計	210 (100)	290 (138)	310 (148)	280 (133)	280 (133)	470 (224)	340 (161)	490 (233)

注：（　）は昭和57年の値を100とした場合の%
（資料）「レジャー白書」

4·2 海洋性レクリェーションと漁業との調和のとれた海面利用の形成——
海面利用総合整備事業の展開　それから2番目の事項として沿岸漁業と遊漁
の間の調整問題がある．この問題は従来からの行政の役目だが，最近は海洋性
レクリエーションが遊漁だけにとどまらず，ヨット・モーターボート・ダイビ
ングといったいろんな多種多様な海洋性レクリエーションが出てきており，そ

表 3·7　海洋性レクリエーションと漁業とのトラブル事例（昭和63年）

区　　分	都道府県	内　　容
ヨット・モーターボート	宮　　城	うねりが養殖作業に支障
	福　　島	事故の救助活動で漁業操業に支障
	千　　葉	操業障害
	静　　岡	漁具，養殖施設破損
		波浪による採貝漁業操業障害
	滋　　賀	漁具被害
	兵　　庫	無秩序航行
		無秩序係留
	鳥　　取	競技，練習時の漁場独占
	長　　崎	スクリューによる漁具切断
		漁船係留施設への係留
	沖　　縄	漁船航行障害，無断係留
サーフィン・ ウインドサーフィン	北　海　道	操業障害
	宮　　城	ジープの砂浜走行による漁具被害
		養殖施設損傷
		事故の救助活動で漁業操業に支障
	滋　　賀	操業障害（追いさで網漁業）
	兵　　庫	漁船停船場での集団遊戯
	鳥　　取	競技，練習時の漁業独占
	高　　知	漁船航行支障
	沖　　縄	漁船との接触
		魚が逃げる
水上スキー	高　　知	大会時に建て網に魚が入らない
スキューバダイビング	北　海　道	漁船航行障害，密漁
	東　　京	密　漁
	三　　重	密　漁
	兵　　庫	密　漁
	高　　知	密　漁
	長　　崎	密　漁
	熊　　本	密　漁
	大　　分	密　漁
	沖　　縄	密　漁

（資料）　水産庁調べ

れと漁業との調整が現実的な行政課題となっている．先に遊漁と漁業のトラブルの事例を示したが，それ以外の海洋性レクリエーションも参加人数が増える傾向が続き，また漁業との間でいろいろなトラブルを引き起こしている（表3・6, 3・7）．今後ますますこういったことが大きな問題になっていくと考えられる．漁業と多種多様な海洋性レクリエーションの間で，海面利用について調和をどう図るかについて，新しい事業を本年度から実施することを考えている．その中で当面は海面の遊漁を対象として海の利用の仕方を考えることにしているが，場合によってはそれがさらにダイビングなどと漁業との調整に発展するかも知れない．

　以上，専門的な研究のまとめというよりは，行政官の立場から，遊漁に対しての問題意識と，今後の行政の展開の方向を紹介した．

文　　献

1）水産庁（1992）：遊漁問題懇談会報告書―漁業との調和ある発展に向けて―，33 pp.

4. 有害プランクトンと環境

福 代 康 夫[*]

　単細胞動植物プランクトンは水域の生産力の基礎をなすものとして重要であるが，中には赤潮を形成して魚貝類の大量へい死を引き起こしたり，毒性物質を生産して貝類を毒化させる有害な種類がいる．近年このような有害プランクトンの発生が長期化広域化するとともに，記憶喪失性貝毒のように従来知られていなかった害作用を及ぼすプランクトンも見つかっており，この傾向に水域の富栄養化などの環境変化が関係していると考えられている．

§1.　有害プランクトンの発生状況（図 4·1）

1·1　魚貝類へい死原因種
　ラフィド藻 *Chattonella antiqua* は1967年に広島湾で発見されて以来[1]，瀬戸内海などでほぼ毎年発生して，過去に150億円を超える漁業被害を与えている[2]．今まで知られている発生域は西日本沿岸に限られており，1989年以降は瀬戸内海でも灘全域に広がるような大発生はない．

　同じ *Chattonella* 属の有害種 *C. marina* はインド南西部沿岸で1949～1953年に発生した種類で，特に1949，52，53年には赤潮形成と海産生物へい死が認められている[3]．それ以降はインドにおける赤潮と魚貝類被害の報告に本種名が全く出てこないことから発生していない可能性が大きいが，わが国では1975年に舞鶴湾で発生して以来，三河湾や鹿児島湾で断続的に発生している．また1990年頃にタイ湾奥部とフィリピンのマニラ湾で発見されており，中国南部沿岸でも記録されているので[4]，東南アジアに広く分布している可能性もある．

　有害ラフィド藻の *Heterosigma akashiwo* は魚類へい死を伴う赤潮を形成するが，わが国では1966年に瀬戸内海で発見されて以来，北海道から沖縄まで沿岸各地で観察されている．本種は国外でも最近は広域化の傾向が著しい．カナダから米国にかけての太平洋岸では1976年から見られていたが，1986年以降大規模な赤潮を形成するようになり，6年間で総額3億円を超える被害を養殖サ

---

　* 東京大学農学部

ケなどに与えている[5]．北米では大西洋岸でもナラガンセット湾からフロリダ半島まで広く分布している．南米では1988年にチリで発生して漁業被害があった．また，ニュージーランドでは1989年に初めて大発生し，1700万ニュージーランドドルに上る被害が養殖サケにあった[6]．オーストラリアやシンガポールでも出現が確認されており，被害発生が懸念されている．

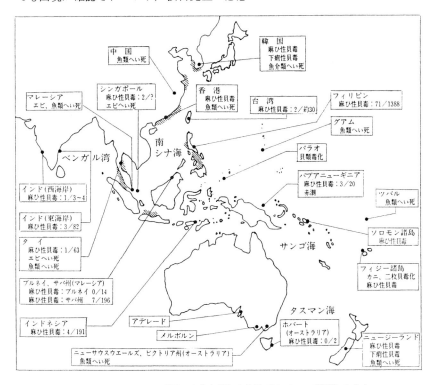

図 4·1 西部太平洋海域諸国の有害赤潮発生状況 (Maclean (1989) をもとに新データを追加)
枠内の分数：死亡者数／中毒患者数，▨：富栄養化の進行の著しい海域

魚類へい死を引き起こす渦鞭毛藻としては，*Gymnodinium mikimotoi, Cochlodinium polykrikoides* など数種が知られている．*G. mikimotoi* は1934年に五ヶ所湾で赤潮原因種として記載され[7]，以降しばしば西日本沿岸で赤潮が記録されていたが，1991年に *Gymnodinium* 65年型種や *G. nagasakiense* と呼ばれていた魚類へい死原因種が同物異名であるとされ[8]，改めて注目される

ようになった．同種はわが国では東京湾を北限として分布しており，九州沿岸や瀬戸内海など西日本を中心に魚類へい死を伴う赤潮をしばしば形成している．わが国以外では韓国[9]と，香港，中国[4]で発生しており，ロシアのカムチャッカ半島沿岸でも発生しているとの報告がある[10]．南半球ではニュージーランドとオーストラリアで1980年代後半に発見されており，特に前者では魚類へい死を伴う赤潮発生が見られている[11]．また北海で大規模な赤潮を形成して海洋生物に被害を与えている有毒種 *Gyrodinium aureolum* は，*G. mikimotoi* と形態的に区別ができず同一種であると考えられているので，これを考慮に入れると分布が欧州にまで広がることとなる．

同属の *Gymnodinium breve* はメキシコ湾に1940年代から発生していたが，他の海域ではほとんど発見されていなかった．しかし1993年にニュージーランドで突然大規模な赤潮を形成し，養殖漁業に大きな被害を与えた[11]．わが国でも近年東京湾以西で広く発見されるようになり，一部には赤潮と被害発生が報告されていて広域化が懸念されている[12]．また韓国[9]，ロシア[10]でも発見の報告がある．この他，渦鞭毛藻 *Cochlodinium polykrikoides* や *Gymnodinium* 属の数種も魚貝類の大量へい死を伴う赤潮を形成しているが，今までのところ明らかな分布拡大傾向はない．なお1980年代後半から *Heterocapsa* の一種が西日本沿岸で赤潮を形成して魚貝類に被害を与えている．同属には今まで有害種は知られていなかったので，新しい有害種として今後調査が必要と考えられている．

有毒ハプト藻では欧州やイスラエルで発生する *Prymnesium parvum* が最も研究されている．同種はわが国沿岸にも広く分布しているが，幸いなことに今まで問題は起こっていない．この他のハプト藻としては，1988年に北欧スカンジナビア半島南部のノルウェー，デンマーク，スウェーデンに囲まれた75,000 km^2 にわたる海域に発生し，養殖マスなどの魚類や貝類，海藻など多種の海産生物に大被害を与えた *Chrysochromulina polylepis* がある[13]．同種は1989年以降も毎年発生しているが，赤潮にはなっていない．ところが1991年には同種に代わって同じ属の *C. leadbeateri* がスカンジナビア半島北部沿岸に大発生し，600トンにおよぶ魚貝類がへい死した[13]．また前記の *P. parvum* も1989年から3年間半島中部沿岸に発生して，1989年には750トンの養殖魚が

へい死した[13]. なお *C. polylepis* と *C. leadbeateri* は北欧以外の海域では発見されていない.

この他, 珪藻 *Chaetoceros concavicornis* においては刺毛に生えている棘が鰓に刺さり, その結果, 魚がへい死する例がカナダと米国の太平洋岸で知られており[5], 黄金色藻 *Distephanus speculum* による養殖魚のへい死も1983年にデンマーク, 1987年にフランスで起こっている[14]. この2種は汎世界種であり, 世界の他の海域でも同様な問題が発生する可能性はある.

なお赤潮を形成したプランクトンが赤潮消滅後に沈降堆積して海底で分解し, 海底が無酸素状態になることがある. この機構においてはすべての赤潮形成種が有害プランクトンとなりうるが, 実際には渦鞭毛藻 *Noctiluca scintillans* や *Gonyaulax polygramma, Scrippsiella trochoidea* など沿岸域で濃密な赤潮を形成する種類が原因となることが多く, 稚仔魚の餌料として有益な珪藻 *Skeletonema costatum* でさえ赤潮の後で魚類へい死を引き起すことがある.

1・2 魚貝類毒化原因種

1) **麻ひ性貝毒原因種**: 麻ひ性毒を生産するプランクトンはすべて渦鞭毛藻に属しており, *Alexandrium* 属の数種, *Pyrodinium bahamense* var. *compressum, Gymnodinium catenatum* が知られている.

わが国における最初の麻ひ性貝毒中毒事件は1948年に豊橋市で起こっているが, プランクトンの記録としてはそれより30年以上前の1914年に *A. catenella* が五ヶ所湾で記載されている[15]. 以後は同じ五ヶ所湾で1916[15], 1923[15], 1934[7]年に記録されているが, 有毒種としては全く注意が払われていなかった. しかし1975年になって突然, 尾鷲湾で貝類毒化事件が起こり, その原因生物として再発見され, さらに調査が進むにつれ西日本を中心に沿岸各地に広く分布していることが確認された[16]. 同種と並び有毒種の代表と考えられている *A. tamarense* は, 1960年に大船渡湾で中毒事件を引き起こして以降同湾で継続的に発生しているが, 同湾だけでなく北日本を中心に広い範囲に分布している[16]. また近年, 西日本にも発生して養殖カキなどを突然毒化させるすることがあり, 貝類養殖漁業に多大な被害がでている. 両種とも寒帯と温帯に広く分布しており, 国外では北米, 欧州, 豪州のほか, アジアでは *A. catenella* が中国[4] と

韓国[9]，*A. tamarense* が中国[4]，韓国[9]，ロシア[10]や，熱帯の台湾[17]とタイ[18]で報告されている．この他の *Alexandrium* 属の有毒種 *A. cohorticula* は，タイとわが国で発見されており，タイにおいては中毒事件の原因となったと推定されている．またわが国では確認されていないが，*A. minutum* は分布が非常に広く，欧州の大西洋や地中海沿岸の各地，豪州やニュージーランド，台湾などに分布し，貝類を毒化させ問題を引き起している．

Pyrodinium bahamense var. *compressum* は太平洋熱帯域に出現する麻ひ性毒生産種で，パプア・ニューギニアで1972年に最初に発生した後，広域化の傾向が著しく，広い地域でミドリガイなどを毒化させ，食中毒事件を引き起している[19,20]．最も被害が深刻なのはフィリピンで，国内のほぼ全島で発生しており，過去約十年間に千数百名の患者と数十名の死者が出ている．特に貝類養殖事業の開始とともに本種が発見され，貝類が毒化する傾向が見られ，水産振興上および公衆衛生上深刻な問題となっている[21]．なお同種の基本変種である *P. bahamense* var. *bahamense* は大西洋熱帯域に発生するが，今まで麻ひ性毒による問題は起こっておらず無毒変種と考えられている．

Gymnodinium catenatum は熱帯と温帯域に発生する麻ひ性毒生産種で，北米や欧州の他，オーストラリア[22]，フィリピン[23]に分布し，わが国でも山口県の仙崎湾でほぼ毎年発生して養殖カキを毒化させている[24]．

2)　**下痢性貝毒原因種**：下痢性貝毒原因生物は，貝毒が見つかった当初には渦鞭毛藻の *Dinophysis fortii* や *D. acuminata* など同属の少数種と考えられていたが，研究が進むにつれて，*Prorocentrum* や *Protoperidinium* などの渦鞭毛藻にも毒の主成分が発見され，原因生物が多様であることが分かってきた[25]．下痢性貝毒は主にわが国と欧州で問題とされており，わが国では上述の2種，欧州では，*D. acuminata* や *D. sacculus* 類似種が原因となっている[26]．最近，調査の始まった東南アジアでは *D. caudata* や *D. miles* の毒生産性が強く疑われている．

3)　**記憶喪失性貝毒**：1987年にカナダで嘔吐や下痢のほか記憶喪失を主徴とする食中毒事件が起こり，その後の調査で原因生物が珪藻 *Pseudonitzschia pungens* f. *multiseries* であることが判明した[27]．記憶喪失性貝毒による中毒事件はその後欧州や米国太平洋岸にも発生し，*P. australis* などが原因種とし

て見つかっている[28]. わが国では本貝毒は発生していないようであるが, 原因とされている珪藻は過去に存在が確認されており[29], 株による毒生産性の差異など再調査を行う必要がある.

4) **神経性貝毒**:神経性毒はメキシコ湾で大規模な赤潮を形成する渦鞭毛藻 *Gymnodinium breve* が生産する毒である. この種類は従来は大西洋の熱帯域にのみ分布すると考えられていたが, 赤潮形成や魚類へい死の発生はまれであるものの, わが国でも出現が確認され[12], さらに最近は今まで発生の全く知られていなかったニュージーランドでも問題となっており[11], 広域化の傾向が著しく今後の注意が必要であろう.

5) **シガテラ魚毒**:シガテラの原因生物である底生性渦鞭毛藻 *Gambierdiscus toxicus* はハワイ, タヒチやバミューダなど世界各地の熱帯サンゴ礁域で発見されており, 分布はきわめて広い. *G. toxicus* はほとんど浮遊しないため移動能力が弱く, 分布が広い原因については分かっていない. また, *G. toxicus* にしばしば随伴して発生する *Prorocentrum lima* や *Ostreopsis* spp. の分布はさらに広く, 熱帯域だけでなく温帯や寒帯域からも発見されており, これらの底生性種は浮遊性種と異なる分布拡大の機構と特殊な耐性をもつ可能性もある.

§2. 有害プランクトン発生の広域化と多発化の原因

前節にあげた有害プランクトンは, 近年発生域が広がるとともに発生頻度が世界各地で増している[30~32]. この原因としては, 富栄養化や ENSO 現象*などが様々に考えられており, 実際にはこれらの幾つかが同時に働いているのであろう.

2·1 沿岸域の富栄養化

環境の富栄養化が進行すると, 水中や水底に滞留した栄養塩類や各種有機物を利用して有害プランクトンが頻繁かつ大規模に発生するようになる. 特に人為的富栄養化においては, 栄養塩量の増加が速く, しかもその栄養塩の質（N・P の塩類の種類や組成比）が天然にみられるものとは異なるため, 通常は見られない有害プランクトンによる赤潮や有毒プ

---

* ENSO:エル・ニーニョ南方振動. 太平洋赤道域の大気と海洋に見られる現象で, これが発達すると異常気象や強勢なエル・ニーニョ海流が生ずる.

ランクトンの長期発生など,そこに起こる生態系の変化が異常であることが多い.

瀬戸内海においては1960年代に工業生産の伸びと人口集中により沿岸陸域からの流入負荷量が増加し,ほぼ同時期にブリなどの養殖漁業が飛躍的に増加して,富栄養化が急速に進行し赤潮発生件数が急増した(図4·2)[2,33].その後,

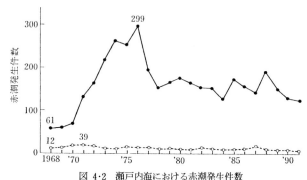

図 4·2 瀬戸内海における赤潮発生件数
●:赤潮発生総数　○:漁業被害を伴った赤潮発生数

水質規制などのさまざまな対策が実施されて発生数は減少したが,未だに毎年100件前後の記録がある[2].発生急増期の原因種に見られる特徴として,魚類へい死原因種の *C. antiqua* や *C. marina*, *H. akashiwo* などわが国では以前には見られなかった種類や,*G. mikimotoi* など他の海域では以前からいた種類が瀬戸内海に侵入して(?)発生し,養殖漁業に大被害を与えたことなどが挙げられる.これらの種類の増殖には富栄養化した瀬戸内海の環境が適当であったと考えられ,栄養塩量が減少した最近は発生頻度が減少している[2].

瀬戸内海でみられた富栄養化に伴う赤潮発生は,わが国だけでなく北海や東南アジア諸国の沿岸域でも近年問題にされている.北海ではハプト藻 *C. polylepis* が珪藻の消滅後に赤潮を形成し,魚類大量へい死を引き起こしている[34].香港では人口増加と赤潮発生件数増加に関係がみられ[35],タイでもタイ湾奥の富栄養化につれて赤潮発生件数が急激に増加している[36].

東南アジアの発展途上国の沿岸域は人口密度が低く,開発の進んでいない地域も多いので,富栄養化の進行しつつある海域は現在のところマニラ湾,ジャカルタ湾,タイ湾奥部など大都市近郊の比較的狭い場所に限られている[37].し

4. 有害プランクトンと環境　45

かし近年はマングローブ林を開発した沿岸や海面を利用して魚貝類養殖の振興
が計られており，結果として富栄養化が促進され，有害プランクトンの発生を
招いている面もある[37,38]．また皮肉なことに貝類養殖が発展するにつれ，貝類
が毒化する機会とその毒化貝類による中毒事件が発生する機会が増え，問題が
大きくなってきている[38]．

2·2　有害プランクトンの分布の広域化

同じ種類の有害プランクトンが
各地で大規模に発生していることから，それらが海流に乗った移動，あるいは
移植貝類への付着や船舶バラスト水への混入によって分布域を広げている可能
性が指摘されている．

東南アジアに広く発生している *P. bahamense* はパプアニューギニアの北
東部沿岸で1972年に赤潮を形成し，その後1970年代後半にはパラオ，ブルナイ
・ダルサーラムやマレーシアのサバ，1980年代に入ってフィリピンで発生して
いる．この海域では毎年4月には南東の季節風が卓越し[39]，表層に発生した
P. bahamense がその季節風によって生じた表層流によって徐々に北西の海域
に分布を広げたと推定される．

有害プランクトンの多くは生活史の一時期に耐久性の強いシストを形成す
る．このシストが海中に垂下養殖されている貝類の表面に付着することがあ
り，この貝類をよく洗わずに他の海域に移植すると当然分布域拡大の原因とな
る．これは褐藻のホンダワラ類がカキの移植に伴って欧米に分布を広げたのと
全く同じ機構である．わが国で貝毒問題が顕在化した1980年前後には，無毒化
促進のため有毒プランクトンの発生していない海域に貝類を移植することが試
みられたが，問題の多い方法であった．フィリピンでは貝類養殖事業を実施し
た海域に貝毒プランクトンが発生することが多く，貝類移植技術の見直しがフ
ィリピン水産資源局で行われている．

またより大規模なプランクトンの人為的移動機構として，船舶のバラスト水
が指摘されている．オーストラリアのタスマニア島では，パルプ積み出し港近
くの海域で赤潮を形成し貝類毒化と食中毒事件を引き起こした有毒プランクト
ンが，港建設以前は出現していなかったことと，パルプ運搬船のバラストタン
ク内の堆積物中にシストが多量に発見されたことから，海外から運び込まれた
ものと推定している[40]．

2·3 有害プランクトン発生に関する調査の発展　　有害プランクトンによる
様々な被害が広い範囲で発生するにつれ，被害防止のための調査研究が活発に
行われるようになった．特に有害プランクトンに関する定期的な国際会議と，
国際的共同研究計画において情報の交換が正確に速く行われるようになり，同
時に情報誌（Harmful Algal News）や研究指針[41,42]が各国で出版されて技
術の標準化が計られ，問題を抱える各国で的確な調査が行われるようになった．
この結果，今まで見過ごされていた発生事例が報告されるようになり，有害プ
ランクトンの広域化長期化がより強調されている面も否定できない．

2·4 地球規模の環境変化　　有害プランクトンに関する広範囲の国際共同
調査研究と情報交換はまだ始まったばかりで，発生件数や規模に関する正確な
資料が乏しいため，地球規模の環境変動に対する変化はつかめていない現状に
ある．ただ東南アジアの *P. bahamense* の発生と ENSO 現象については関係
があると指摘されている[20]．

§3. 今後の課題

有害プランクトンによる赤潮や貝類毒化現象が広域化長期化して，海洋生物
資源の利用と開発が困難となる状態が世界各地で見られており，特に東南アジ
アの発展途上国では人命が失われる事件まで毎年発生している．このような状
況に対して対策を作り上げる上で基礎となる研究が各国で行われており，特に
次のような点が今後の主な課題となるであろう．

(1)沿岸環境の変化をもたらす富栄養化の発生要因と過程，(2)富栄養化水域の
栄養塩量や NP 比などが個々の有害プランクトン種の発生に好適に働く機構，
(3)有害プランクトンの広域化の機構，(4)温帯域と熱帯域における上記の機構と
過程の差異．

なお有害プランクトン発生が広域化するに伴い，世界的な研究協力体制が
IOC（政府間海洋学委員会）や SCOR（海洋科学研究委員会）を中心に構築さ
れており，そこではわが国の多くの研究者が参加していて，その貢献が世界的
に高く評価されている．今後はわが国に蓄積された研究成果と技術を，国外の
研究者も容易に理解できる英文で積極的に公開することができれば，国際交流
がいっそう活発になるであろう．特に英文による情報交換は，各種学会誌にお

ける論文だけでなく，総合的解説書や学術書籍にも範囲を広げることが必要
で，例えば前南西水研の代田昭彦氏の著した "Red Tide Problem and Coun-
termeasures"[43] は非常に高い評価を得ている．

またわが国が従来より積極的に発展途上国に協力している養殖漁業開発は，
必然的に各国沿岸域の富栄養化を招き有害プランクトン発生を助長する可能性
があることが，わが国の過去の経緯を見れば明らかであり，この経験を生かし
て養殖技術とともに環境保全の考え方と対策を広めるようにすることも大事で
ある．養殖漁業は発展途上国では食糧資源及び輸出資源確保のため重要なもの
であるが，沿岸養殖を日本の協力で開発した後に大規模な赤潮が発生し，沿岸
環境汚染源とされれば，わが国に不本意なことである．この意味でわが国が今
後世界の沿岸漁業開発と有害プランクトン研究に何をなすべきか議論すべき時
にきていると思われる．

文　献

1) Y. Hada : *Bull. Plankton Soc. Japan,*
   20, 112-125 (1974).
2) 水産庁瀬戸内海漁業調整事務局：平成4年
   瀬戸内海の赤潮. pp. 40 (1993).
3) R. Subrahmanyan : *Indian J. Fish.*, 1,
   182-203 (1954).
4) Y. Qi, Z. Zhang, Y. Hong, S. Lu, C.
   Zhu and Y. Li : Toxic phytoplankton
   blooms in the sea (T. J. Smayda and
   Y. Shimizu eds.), Elsevier Science
   Publishers B. V., Amsterdam, Nether-
   land, 1993, pp. 43-46.
5) F. J. R. Taylor : Toxic phytoplank-
   ton blooms in the sea (T. J. Smayda
   and Y. Shimizu eds.), Elsevier Science
   Publishers B. V., Amsterdam, Nether-
   land, 1993, pp. 699-703.
6) F. H. Chang, R. Pridmore and
   N. Boustead : Toxic phytoplankton
   blooms in the sea (T. J. Smayda and
   Y. Shimizu eds.), Elsevier Science
   Publishers B. V., Amsterdam, Nether-
   land, 1993, pp. 675-680.
7) 尾田方七：動雑，**47**，35-48 (1935).

8) 高山晴義・松岡數充：日本プランクトン学
   会報，**38**，53-70 (1991).
9) J. S. Park : Recent Approaches on red
   tides (J. S. Park and H. G. Kim eds.),
   National Fisheries Research and De-
   velopment Agency, Korea, 1991, pp.
   1-24.
10) G. V. Konovalova : Toxic phytoplank-
   ton blooms in the sea (T. J. Smayda
   and Y. Shimizu eds.), Elsevier Science
   Publishers B. V., Amsterdam, Nether-
   land, 1993, pp. 275-280.
11) J. A. Jasperse (ed.) : Marine toxins
   and New Zealand shellfish. Proceed-
   ings of a workshop on research issues,
   10-11 June 1993. Roy. Soc. New Zea-
   land, Misc. ser., 24, 68 pp.
12) 高山晴義：日本の赤潮生物（福代康夫ら
   編），内田老鶴圃，1990, pp. 44-45.
13) E. Graneli, E. Paasche and S. Maest-
   rini : Toxic phytoplankton blooms in
   the sea (T. J. Smayda and Y. Shimizu
   eds.), Elsevier Science Publishers B.
   V., Amsterdam, Netherland, 1993, pp.

23-32.

14) E. Erad-Le Denn and M. Ryckaert : Toxic Marine Phytoplankton (E. Graneli *et al.* eds.), Elsevier, New York, 1990, p. 137.

15) 平坂恭介：動雑, **35**, 84-85, (1923).

16) Y. Fukuyo : *Bull. Mar. Sci.*, **37**, 529-537, (1985).

17) H.-M. Su, I-C. Liao and Y. M. Chiang : Red tides : biology, environmental science, and toxicology (T. Okaichi *et al.* eds.), Elsevier, New York, 1989, pp. 399-402.

18) P. Pholpunthin, S. Wisessang, T. Ogata, Y. Fukuyo, M. Kodama, T. Ishimaru and T. Piyakarnchana : The Second Asian Fisheries Forum (R. Hirano and I. Hanyu eds.), Asian Fisheries Society, Manila, Philippines, 1990, pp. 903-906.

19) G. M. Hallegraeff and J. L. Maclean (editors) : ICLARM Conf. Proc. 21, 286 pp. (1989).

20) J. L. Maclean : *Mar. Pollut. Bull.*, **20**, 304-310 (1989).

21) R. A. Corrales and E. D. Gomez : Toxic Marine Phytoplankton (E. Graneli *et al.* eds.), Elsevier, New York, 1990, pp. 453-458.

22) G. M. Hallegraeff, D. A. Steffansen and R. Wetherbee : *J. Plankton Res.*, **10**, 533-541, (1988).

23) Y. Fukuyo, M. Kodama, T. Ogata, T. Ishimaru, K. Matsuoka, T. Okaichi, A. Maala and J. A. Ordonez : Toxic phytoplankton blooms in the sea (T. J. Smayda and Y. Shimizu eds.), Elsevier Science Publishers B. V., Amsterdam, Netherland, 1993, pp. 875-880.

24) T. Ikeda, S. Matsuno, S. Sato, T. Ogata, M. Kodama, Y. Fukuyo and H. Takayama : Red tides : biology, environmental science, and toxicology (T. Okaichi *et al.* eds.), Elsevier, New York, 1989, pp. 411-414.

25) T. Yasumoto : Toxic Marine Phytoplankton (E. Graneli *et al.* eds.), Elsevier Science Publishers, B. V., Amsterdam, Netherland, 1989, pp. 3-8.

26) C. Belin : Toxic phytoplankton blooms in the sea (T. J. Smayda and Y. Shimizu eds.), Elsevier Science Publishers, B. V., Amsterdam, Netherland, 1993, pp. 469-474.

27) S. S. Bates, J. C. Bird, A. S. W. de Freitas, R. Foxall, M. Gilgan, L. A. Hanic, G. R. Johnson, A. W. Mc Culloch, P. Odense, R. Pocklington, M. A. Quilliam, P. G. Sim, J. C. Smith, D. V. Subba Rao, E. C. D. Todd, J. A. Walter and J. L. C. Wright : *Can. J. Fish. Aquat. Sci.*, **46**, 1203-1221 (1989).

28) L. Fritz, M. A. Quilliam, J. L. C. Wright, A. M. Beale and T. M. Work : *J. Phycol* , **28**, 439-442 (1992).

29) H. Takano and K. Kuroki : *Bull. Tokai Reg. Fish. Res. Lab.,* No. **91**, 1977, pp. 41-51.

30) D. M. Anderson : Red tides : biology, environmental science, and toxicology (T. Okaichi *et al.* eds.), Elsevier, New York, 1989, pp. 11-16.

31) T. J. Smayda : Toxic Marine Phytoplankton (E. Graneli *et al.* eds.), Elsevier Science Publishers, B. V., Amsterdam, Netherland, 1989, pp. 29-40.

32) G. M. Hallegraeff : *Phycologia,* **32**, 79-99 (1993).

33) 岡市友利・畑 幸彦・遠藤拓郎・柳 哲雄：沿岸域環境保全のための海の環境科学（平野敏行編）, 恒星社厚生閣, 1983, pp. 298-324.

34) S. Maestrini and E. Graneli : *Oceanologica Acta,* **14**, 397-413 (1991).

35) C. W. Y. Lam and K. C. Ho : Red tides : biology, environmental science, and toxicology (T. Okaichi *et al.*

eds.), Elsevier, New York, 1989, pp. 49–52.

36) S. Suvapepun : Department of Fisheries, Thailand, 1989, 5 pp.

37) T. E. Chua, J. N. Paw and F. Y. Guarin : *Mar. Pollut. Bull.,* **20**, 335–343 (1989).

38) J. L. Maclean : ICLARM Conf. Proc., 31, 252–284 (1993).

39) H. Uktolseya : Oceanography and marine pollution : An Asean-EC Perspective (T. Y. Helen *et al.* eds.) MSI–Univ. of the Philippines, Quezon, Philippines, 1990, pp. 34–45.

40) G. M. Hallegraeff and C. J. Bolch : *Mar. Pollut. Bull.,* **22**, 27–30 (1991).

41) 日本水産資源保護協会：赤潮生物研究指針, 秀和, 1987, 740 pp.

42) G. M. Hallegraeff : CSIRO Division of Fisheries, Australia, 111 pp, (1991).

43) A. Shirota : *Int. J. Fish. Technol.,* **1**, 25–38, 195–223 (1989).

5. 有害物質汚染[*1]

山 田 　 久[*2]

　現代人の生活は，種々の化学物質によって維持されているといっても過言ではない．化学物質は豊かな恩恵を与える一方，物質によっては環境汚染を引き起こし，人の健康を損う危険性を内在している．したがって化学物質の危険性を予知し，環境汚染を未然に防止してそれらを使用することは重要である．ここでは有害化学物質による水質汚染の状況および研究成果を整理するとともに，汚染防止のために推進する必要のある研究の方向について述べる．

§1. わが国における有害化学物質汚染の歴史

1・1 有害化学物質　有害化学物質は，多くの無機元素のように，自然界に存在するものを採掘して精錬した後にそれを使用することにより環境汚染を引き起こした物質と，人間が合成した自然界に存在しない有機化合物に分類される．後者の合成有機化合物は，ある使用目的のために生産した化学物質（意図的生成物質）と工業製品の副産物や不純物として生成された化学物質（非意図的生成物質）に大別される．古紙の塩素漂白や廃棄物の燃焼に伴って生成される TCDD は非意図的生成物質の一例であり，非意図的生成物質の生成及び環境への流入は，有害物質による水質汚濁の問題を一層複雑にすると考えられる．

[*1] 本稿では次の如き有害化学物質の略記号を用いて記述した．
　APE：ポリオキシエチレンアルキルフェニルエーテル，CHD：クロルデン，DDD：2,2-ビス (*p*-クロロフェニル)-1,1-ジクロロエタン，DDE：1,1-ジクロロ-2,2-ビス (*p*-クロロフェニル) エチレン，DDT：1,1,1-トリクロロ-2,2-ビス (4-クロロフェニル) エタン，HCB：ヘキサクロロベンゼン，HCH：ヘキサクロロシクロヘキサン (BHC と同じ)，IBP：0,0-ジイソプロピル-S-ベンジルチオフォスフェート，LAS：直鎖型アルキルベンゼンスルホン酸，MEP：0,0-ジメチル-0-4-ニトロ-*m*-トリルホスホロチオエート，　OPE：有機リン酸トリエステル，PCB：ポリ塩化ビフェニル，　TBP：リン酸トリブチル，　TBTO：トリブチルスズオキシド，TBXP：リン酸トリブトキシエチル，　TCDD：テトラクロロジベンゾジオキシン（ダイオキシン），TCP：リン酸トリクレジル，TDCPP：リン酸トリスジクロロプロピル，TOP：リン酸トリオクチル，TPP：リン酸トリフェニル，TPTCl：トリフェニルスズクロリド
[*2] 水産庁中央水産研究所

本稿では，種々の有害化学物質の中で合成有機化合物を中心にして，有害化学物質の水域環境における挙動や生物への影響に関する研究成果を要約する.

1・2　汚染の歴史　　有害化学物質による水質汚濁に関する年表を川合・山本[1]を参考にして作成し表5・1に示す. わが国では明治時代から有害化学物質による水質汚濁が知られているが，明治から大正にかけては鉱業の排水に由来する重金属元素による水質汚濁が大部分であった. 渡良瀬川流域の足尾鉱毒被害はわが国の公害の原点といわれるものである. 戦後の経済復興とともに潜在化していた水質汚濁問題が大きな社会問題になり，イタイイタイ病，水俣病や

表5・1　有害化学物質による水質汚濁に関する年表

年	問　題
1878（明11）	この頃から足尾銅山からの鉱毒被害が激化
1893（明26）	別子銅山からの鉱毒被害が激化
1920（大9）	三井鉱業・神岡鉱山からの鉱毒被害が表面化
1946（昭21）	足尾鉱毒被害，渡良瀬川流域6,000町歩に及ぶ
1953（昭28）	この頃から水俣市で水俣病発生
1957（昭32）	「イタイイタイ病は神岡鉱山廃水が原因」と学会発表
1959（昭34）	熊本大学研究班が「水俣病の原因は有機水銀」と発表
1962（昭37）	ＡＢＳ洗剤問題が国会で取り上げられる
1965（昭40）	新潟阿賀野川流域で水俣病患者を発見
1966（昭41）	厚生省が「イタイイタイ病の原因はカドミウム」と発表
1967（昭42）	公害対策基本法の公布，施行
1968（昭43）	PCBsによるカネミ油症発生
	「水俣病の原因はチッソ水俣工場の廃水中の有機水銀が原因」と政府の見解発表
1969（昭44）	DDT，HCHの製造中止
1970（昭45）	静岡県田子の浦や瀬戸内海など各地で水質汚濁が表面化
	水質汚濁防止法の公布，施行
1971（昭46）	水質汚濁に係る環境基準及び排水基準を設定（Cd等8項目）
1972（昭47）	PCBsの生産と使用を禁止
1973（昭48）	「化学物質の審査及び製造等の規制に関する法律」公布
1974（昭49）	水島で大規模重油流出事故発生
1975（昭50）	PCBsの環境基準及び排水基準の設定
1984（昭59）	トリクロロエチレン等の水質環境目標を設定
1985（昭60）	湖沼水質保全特別措置法（湖沼法）施行，N，Pの総量規制
1989（平1）	有害物質を含有する排水の地下浸透禁止
	トリクロロエチレン等の排水基準を設定
1993（平5）	環境基準及び排水基準の改正及び追加
	（鉛及びヒ素の改正並びにジクロロメタン等13項目追加）

カネミ油症などの深刻な被害も発生した．この頃から，重金属元素以外に農薬や各種化学物質による水質汚濁も著しくなり，有害化学物質による水質汚濁の原因となる物質が多くなったのが特徴的である．水質汚濁の状況は，1970年から1972年にかけて最悪であったと考えられる．DDT および HCH の製造中止（1969年），PCBs の生産と使用の禁止（1972年）および「化学物質の審査及び製造等の規制に関する法律」の制定（1973年）などの対策により有害化学物質の製造及び使用が規制された．一方，1971年には，Cd など8項目の健康項目の環境基準と排水基準が設定され，有害化学物質の水域への排出も規制されてきた．また1989年には，有害化学物質を含有する排水の地下浸透が禁止され，地下水も公共用水と同様に管理されてきた．1993年には表5·2に示したよう

表 5·2　人の健康の保護に関する環境基準

項　　　目	基準値 (mg/l)	備　　　考
カドミウムまたはその化合物	0.01	
全シアン	不検出	
有機リン化合物	—	環境基準から削除
鉛またはその化合物	0.01	環境基準を改正
六価クロム化合物	0.05	
ヒ素またはその化合物	0.01	環境基準を改正
水銀またはその化合物	0.0005	
アルキル水銀化合物	不検出	
PCB	不検出	
トリクロロエチレン	0.03	暫定基準を環境
テトラクロロエチレン	0.01	基準に変更
四塩化炭素	0.002	環境基準に追加
ジクロロメタン	0.02	（以下同様）
1,2-ジクロロエタン	0.004	
1,1,1-トリクロロエタン	1	
1,1,2-トリクロロエタン	0.006	
1,1-ジクロロエチレン	0.02	
シス-1,2-ジクロロエチレン	0.04	
1,3-ジクロロプロペン	0.002	
チウラム	0.006	
シマジン	0.003	
チオベンカルブ	0.02	
ベンゼン	0.01	
セレン	0.01	

に，鉛およびヒ素の環境基準が改正されるとともにジクロロメタンなど13種類の有害化学物質の環境基準が新たに制定され，有害化学物質による水質汚濁に対する対策が強化された．

§2. 有害化学物質による水質汚濁の状況

人の健康の保護のために環境基準が定められている有害化学物質（健康項目）の水中濃度が，環境基準値を越える検体数の総検体数に対する割合（不適合率）を，公共用水域水質測定結果[3]から計算し，不適合率の経年的な変化を図5・1に示した．

水中の水銀およびメチル水銀濃度は，環境基準が定められ，調査を開始した1971年において既に検出限界以下であった．Pb, CN, Cd, As, Crおよび有機リンの1971年における不適合率は，それぞれ，1.39, 1.13, 0.70, 0.41, 0.13および0.21%であった．排出規制の実施とともに水中の有害化学物質濃度は著しく改善され，Pb, CdおよびAsを除けば，PCBsも含めて健康項目に該当する有害化学物質濃度は，1980

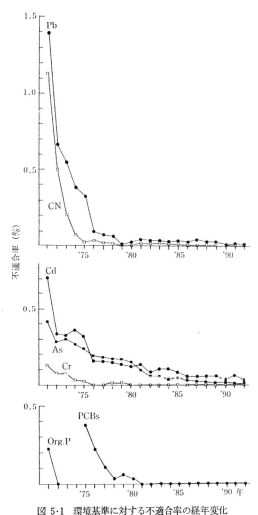

図 5・1 環境基準に対する不適合率の経年変化

年以降ほとんど全ての検体で環境基準を越えていない．一方，Pb, Cd および As の水中濃度が環境基準値を越えるものが今日でも認められるが，環境基準を越える水域は，休廃止鉱山や温泉排水の下流など特別な環境の場合が多い．水中濃度の環境基準に対する不適合率から判断すると，排水規制などの水質汚濁への対策により水中の有害化学物質濃度は著しく改善されてきたと考えられる．

松本[4] は東京湾底泥の重金属元素の鉛直分布を測定した．Zn, Cr, Cu, Pb, As, Mo, Cd および Hg は，底泥の深度 5〜10 cm 層に極大値を示し，それより以浅および以深では次第に濃度が低下した．年代測定によると，この重金属の極大層は1970年代に相当することが明らかであった．また筆者らの東京湾の調査では，底泥の PCBs 濃度は，泥深 6 cm 層に極大値を示し，松本の重金属元素の鉛直分布と同様に，極大層より以浅あるいは以深ではその濃度が次第に低下した．この PCBs 濃度が極大の 6 cm 層は，1970年代の堆積層と推察される．したがって有害化学物質による底泥の汚染は，1970年前後が特に著しかったものと考えられる．

東京湾および大阪湾の定点における底泥（表層）中の PCBs, Cd, Hg, Cu, Ni, Zn, Cr および Pb の濃度の経年的な変化を検討し，東京湾の結果を図5·2に示す[5]．東京湾では，Ni を除くこれらの有害化学物質の濃度は徐々に低下し，1991年の Cd, Cr および Pb 濃度は最大の濃度を示した年の約 1/2 に低下していた．また Hg では，1991年の濃度は最大を示した1980年の約 1/4 であった．大阪湾ではその低下傾向が東京湾ほど著しくないが，東京湾と同様に底泥中の有害化学物質濃度は次第に低下してきた．一般に底泥中の有害化学物質は除去され難いといわれている．図5·1で示したように水中の有害化学物質濃度が急速に改善されたのに対し，今日でも底泥には有害化学物質が残存することが明らかである．

生物中の有機塩素系化学物質の濃度変化を，環境庁で実施している生物モニタリングの結果を引用して図5·3および5·4に示した[2]．図5·3には東京湾で漁獲されたスズキの p, p'-DDT, HCB, PCBs, Dieldrin および α-HCH の経年的な濃度変化を示した．これらの有害化学物質の濃度は，次第に低下しており，HCB および α-HCH は近年検出限界以下である．生物モニタリング事

業で全国の調査点で漁獲された魚類中の有機塩素系化合物の分析検体数,有機塩素系化合物を検出した検体数および検出率を図5・4に示す.検出率の推移でみると,汚染状態はHCBで最もよく改善され,近年の検出率は15〜30％で推移している.次いで α-HCH が20〜30％の検出率で検出される.Dieldrin と p,p′-DDT では,検出率が次第に低下しているが,近年でも30〜60％の試料で検出される.PCBsは1979年の検出率90％から次第に検出率に改善がみられ

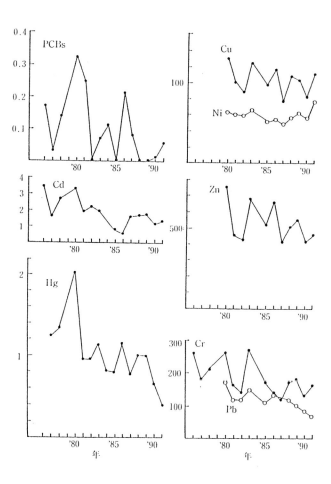

図 5・2 東京湾の定点 (35-32.8 N, 139-50.1 E) における底泥中濃度の経年変化 (μg/g)

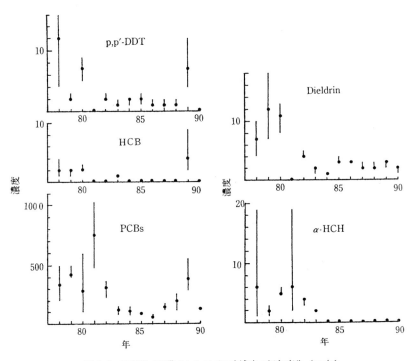

図 5・3 東京湾で漁獲されたスズキ中濃度の経年変化 (ng/g)

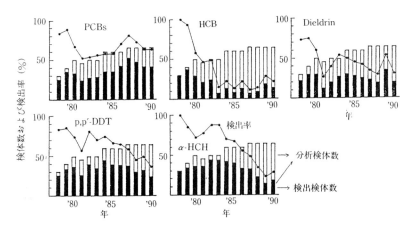

図 5・4 魚類の分析検体数，検出検体数および検出率

たが，近年でも検出率が60〜80％で依然として魚類中より検出される頻度が高い．「化審法」の第一種特定化合物質である PCBs, HCB, Dieldrin および p,p′-DDT は，製造および使用が禁止されているにもかかわらず，依然として生物から検出され，極微量ではあるが環境に残存していることが考えられる．

§3. 有害化学物質汚染に対して行われた研究の目的と方向

有害化学物質に関する研究は図5・5に示すように，(1)化学物質の物理・化学

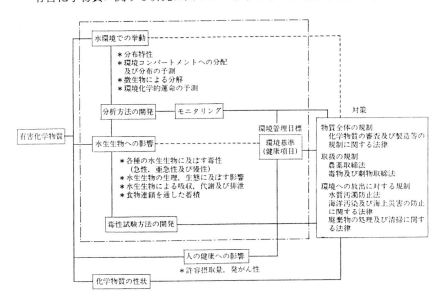

図 5・5 有害化学物質汚染に対する研究の目的と方向

的性状，(2)水環境での挙動，(3)水生生物への影響，(4)人の健康への影響等多くの分野において行われてきた．これらの多くの研究課題の中で，水産学の分野で中心的に推進された研究課題は，水域環境における挙動と水生生物への影響の研究である．挙動や生物影響の研究の基礎として，各種有害化学物質の分析方法および毒性試験法の開発が必要であった．これらの研究課題の多くは，水産学の分野から積極的に研究され多くの成果を上げてきた．

これら有害化学物質に関する研究の目的は図5・5に示すように有害化学物質に係る環境の管理目標（環境基準）を定めることであり，また有害化学物質に

よる水質汚濁の防止のために適切な対策を提言することである．対策のための
各種法律を施行するためには，種々の基準を定める必要があり，また基準を定
量的に検定するための試験方法を定めなければならない．例えば「化審法」の
魚類による有害化学物質の蓄積性や農薬取締法における農薬の魚毒性試験など
であり，毒性試験方法に係る多くの基礎的研究の成果が，法律に定められた試
験方法の設定のために大いに貢献した．

　そのほか地球環境保全的観点から PCBs を中心とした有機塩素系化合物の
地球的規模でのモニタリング，大気・海洋を通した物質の移動および拡散およ
び外洋生態系を通した蓄積過程の解明が立川ら[6] により精力的に行われてき
た．有害化学物質による汚染の影響や対策に関する研究は，地球的な観点によ
り行う必要性が指摘されているが，本稿では沿岸域における汚染について研究
成果を集約する．

§4.　主要な研究成果[*]

4·1　有害化学物質の水域環境における挙動　　水域に放出された有害化学
物質は，水への溶解，懸濁物質への吸着あるいは堆積など種々の要因により環
境の各コンパートメントに分布する．一方，有害化学物質は，水や堆積物中の
微生物により分解され，次第に無毒化される．水域環境における挙動は，次節
で述べる有害化学物質の水生生物影響の研究においても重要な情報であり，種
々の有害化学物質について多くの研究が行われてきた．

　1)　**分布の予測**：田辺・立川[7] は多くの調査結果を総合化して，有害化学物
質の水域環境における挙動が，化学物質の物理化学的性質に関連することを明
らかにした．水域環境における化学物質の挙動と物理化学的性質との関係を川
合・山本[1] から引用して図 5·6 に示す．水域環境での挙動を考える時に，化合
物の物理化学的特性，特に水への溶解度あるいはオクタノール・水分配係数
(Pow) が大きな意味をもっている．図示したように水への溶解度が $0.1 \sim 100$
$\mu g/ml$ である物質は水に溶存し，いわゆる水質汚濁物質として機能する．逆
に水溶解度が $0.1 \mu g/ml$ 以下の化学物質では，Pow が大きく懸濁物質との親

---

　[*] すぐれた研究成果でありながら割愛，あるいは見落としているものも少なくない．里見による総
　　述[27] も参照されたい．

和性が高くなる．また脂溶性が増して底泥や生物に蓄積されやすく，これらの化学物質は，生物および底泥汚染物質として機能する．水溶解度の大きい水質汚染型の化学物質は，水生生物に対し短期的な急性毒性として作用する場合が

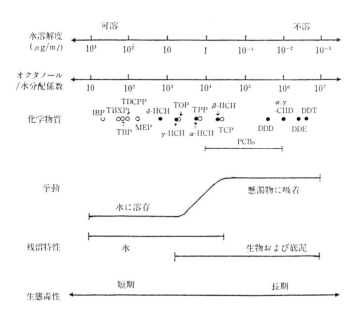

図 5·6　有害化学物質の水域における挙動の模式図

多い．一方，水溶解度の小さい生物および底泥汚染型の化学物質は，環境に長期間残留し，水生生物に対して慢性的な悪影響をおよぼす場合が多い．

図 5·6 には参考のためにいくつかの化学物質を示した．IBP や MEP などの有機リン化合物が，比較的水溶解度が高く，水質汚染型化学物質であるのに対し，DDT，PCBs やクロルデンなどの有機塩素化合物が生物および底泥汚染型化学物質である傾向が認められた．

多くの有機スズ化合物の log Pow は 1.3～3.3 の範囲であり，Pow から判断すると，有機スズ化合物は水質汚染型化学物質と考えられる．しかし筆者らの油壺湾の調査では，底泥中の TBT 濃度は底層中濃度の 10^2～10^4 倍であり，また有機物（Total N）含量の多い底泥に TBT が多量に堆積していることが明らかになった．表層水および底層水の懸濁物質，沈降物質および底泥の TBT

を測定すると，TBT 濃度は表層懸濁物質から底層懸濁物質，沈降物，底泥へと次第に低下した．また表層および底層水の懸濁物質中の TBT 濃度は，懸濁物質のクロロフィル濃度と相関が認められ，クロロフィル濃度の高い懸濁物質で TBT 濃度も高い傾向であった．したがって水中に溶存する TBT が，植物プランクトンに吸収されることにより懸濁物質に移行し，さらに懸濁物質の底泥への沈降が TBT の底泥への供給経路の1つであると考えられた．

　2)　微生物分解：水域環境に入った有機物は，それが人工的に合成された物質であると一般に天然有機物に比較して著しく分解され難いが，多くは水中の微生物により分解される．有害化学物質の微生物分解の研究は，環境での挙動や運命を明らかにする上で重要であり，多くの研究が行われた．

　川合ら[1] は，大阪市の市内河川水から OPE を分解する細菌を検索した．河川水中に存在する細菌によって OPE は分解されるが，OPE の種類により分解速度が異なることを明らかにした．TBP を分解する細菌では，分解がNADPH 依存性のモノオキシゲナーゼによって行われたが，一方，アリール系OPE を分解する細菌では，分解はリン酸とアリール基のエステル結合を切断する酵素によって行われていることが確認された．

　有機スズ化合物も OPE と同様に微生物により分解された．また石油関連物質を分解する細菌も分離された．したがって水域環境において多くの有害化学物質は，微生物分解を受けることが明らかであるが，微生物分解が有害化学物質の無毒化に向かっているかどうか検討する必要があろう．すなわち有害化学物質の分解生成物の毒性評価とその評価方法を検討することは重要なことであろう．

　4・2　水生生物を用いた毒性試験法　　水生生物に対する有害化学物質の毒性試験法の発展の歴史は，田端[8] による総説に詳しくまとめられているので，ここではその概要について述べる．魚類を用いた毒性試験法は，産業排水のTLm* 試験法が Doudoroff らによって提案され，その後，30年間に毒性試験法は著しい発展をとげた．急性毒性試験法の開発から Mount and Stephaneによる fathead minnow を用いた完全生活環毒性試験による MATC（最大受容毒物濃度）の測定へと発展してきた．一方，完全生活環毒性試験などの研

---

　* median Tolerance Limit のことで，現在使われている LC_{50}（半数致死濃度）と同じ．

究成果を踏まえた上で，その試験期間を短縮し，多数の化学物質の慢性毒性を
スクリーニングするための方法が探索されてきた．化学物質に供試魚の受精卵
からふ化後90日程度の稚魚期まで曝露実験（初期生活段階毒性試験）を行って
得られた影響濃度は，全生活環毒性試験によって得たMATCに比較して大差
のないことが明らかになった．その結果，慢性影響濃度を求めるために初期生
活段階毒性試験の有効性が指摘された．

　有害化学物質の生態系に対する影響を評価するために，植物および動物プラ
ンクトンなど生態系を構成する生物を用いた毒性試験法が提案されてきた．ま
た有害化学物質の生物濃縮試験法も検討されてきた．これらの毒性試験法の多
くは，工場排水試験法（JIS K 0102）やOECDテストガイドライン，化審
法，農薬取締法やMARPOL条約など内外の公定法に採用されてきた．

　4・3　有害化学物質の水生生物に対する影響　　水生生物に対する有害化学
物質の影響は，大きく分けて次の2方向から検討されてきた．1つには漁業生
物およびそれを支える各種の水生生物に対する直接的な有害作用（急性，亜急
性，慢性毒性）の研究であり，有害化学物質の水生生物への影響メカニズムと
水質環境基準を検討することを目的として多くの研究がなされた．多種多様な
有害化学物質の急性毒性（LC_{50}），生理・生化学的影響，無影響濃度（NOEC）
やMATCが検討されてきた．他の1つは，食用魚介類に蓄積された化学物質
が，人の健康を害する恐れがあるために，化学物質の蓄積性の評価や生態系を
通した蓄積メカニズムに関する研究である．以下にこれらの研究の主要な成果
について述べる．

　1）　**化学物質の構造と毒性との関係**（定量的構造活性相関 QSAR）：化学構
造から毒性を予測する試みが，1980年代に入ると広く行われるようになった．
多くの場合，定量的構造活性をPowで代表させ，さらに精度を高めるための
補正係数を求める試みもされている．

　この定量的構造活性相関は，合成洗剤のLASやAPE，有機スズ化合物，塩
素化フェノールおよび塩素化炭化水素などの化合物において認められ[9]，塩素
化炭化水素の研究結果[10]を図5・7に示した．これらの化合物においてLC_{50}値
は，親油基の大きさが大きくなるにしたがって小さくなり，すなわち急性毒性
の増すことが明らかになった．LASではアルキル基の末端に 4-sulphophenyl

基が結合する場合に毒性が強く，4-sulphophenyl 基の位置で補正すると定量的構造活性相関の関連性がよくなることが認められた．したがって同一の化合物群に属する化学物質の急性毒性は，それらの化合物群の定量的構造活性相関から推定できることが明らかになった．

塩素化フェノールや塩素化炭化水素の慢性毒性でも定量的構造活性相関が認められ，これらの化合物群の中で，Pow の大きな物質ほど慢性毒性が強かった．急性毒性値と慢性毒性値の比は，適用係数（application factor）として急性毒性値から慢性毒性値の推定のために用いられる．塩素化炭化水素類では，適用係数は 3～16 であり，

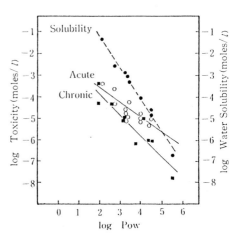

図 5・7　塩素化炭化水素の溶解性と Pow および魚毒性との関係

Pow が大きくなるにしたがって大きくなった（図 5・7）．したがって同一化合物群においても1つの適用係数を用いて急性毒性から慢性毒性を推定することは危険であると考えられる．

生物濃縮係数（BCF）は，有機スズ化合物のようにいくつかの例外は認められるが，多くの場合 Pow に依存することが次第に明らかになってきた．したがって「化審法」では，蓄積性のスクリーニングのために化学物質の Pow の測定が義務付けられている．

以上のように，毒性および蓄積性に関して多くのデータが集積された結果，化学物質の毒性や蓄積性を化学物質の性状から推定することが可能となった．今後，さらにその精度を向上させる研究が必要であろう．

2）**魚類による吸収，代謝および排泄**　魚類は環境水に溶存する有害化学物質を，鰓から直接吸収（経鰓濃縮：Bioconcentration）するとともに摂取した餌中の有害化学物質を消化管から吸収（経口濃縮：Biomagnification）する．体内に取り込まれた有害化学物質は，薬物代謝酵素により排泄されやすい

極性の大きい化合物に変換された後に鰓から直接，あるいは胆汁や尿を通して体外に排泄される．有害化学物質の吸収と排泄の差は，魚体内への蓄積として評価される．

多数の有害化学物質の生物濃縮が研究され，生物濃縮係数は前節で述べたように，有害化学物質の Pow に依存することが多くの有害化学物質について認められた．魚類による有害化学物質の吸収および排泄は，魚体中の有害化学物質濃度の変化を compartment model を適用して解析された．Hawker and Connell[11] によれば，有害化学物質の取り込み速度定数（k_1）および排泄速度定数（k_2）は有害化学物質の Pow に依存し，k_1 は Pow の大きい有害化学物質で大きく，また k_2 は Pow が大きくなるにしたがって小さくなった．k_1 および k_2 が Pow に依存するので，これらの結果として Pow の大きい有害化学物質では，BCF が大きくなることが明らかになった．しかし TBTO などの有機スズ化合物の k_1 および k_2 は，これらの化合物の Pow に依存しなかった[12,13]．k_1 は Pow から推定される値に比較して大きく，また k_2 は推定値より小さかった．すなわち吸収されやすく，排泄され難いために有機スズ化合物の BCF は Pow に関連せず，またその値が大きいことを確認した．

化学物質の経口濃縮は，化学物質が食物連鎖を通して移行する経路であり，魚類のような水域生態系の高次栄養段階の生物にとって，経口的な蓄積は重要な蓄積経路である．経口濃縮に関する研究は，経鰓濃縮の研究に比較すると少ない．田辺ら[14]は PCBs 同族体のコイによる経口濃縮の研究を行い，PCBs が経口的にコイに蓄積されることを確認するとともに，消化管での PCBs の吸収率は67〜93%であり，吸収率は PCBs の分子量の平方根に反比例し，分子量の大きな PCBs では吸収率が小さくなることを明らかにした．鈴木・畑中[15]は餌中メチル水銀がブリに移行することを確認し，山田ら[16]は有機スズ化合物のマダイへの経口的蓄積を検討した．TPTCl の経口濃縮に係る濃縮係数は0.57であり，TBT 化合物の0.26〜0.38に比較して大きく，TBT 化合物に比較して TPT 化合物は食物連鎖を通して蓄積される危険性の高いことが認められた．

魚類に取り込まれた化学物質の代謝は，生物体内での化学物質の運命を評価する上で重要は情報である．哺乳類では古くから薬物代謝酵素の存在が知られていたが，魚類にはこの酵素が存在しないと考えられていた．しかし哺乳類に

比較するとその活性は弱いものの，魚類にも薬物代謝酵素の存在が確認され
た[17]．生体内に取り込まれた化学物質は，一般的には酸化，還元，加水分解お
よび抱合の4つの反応系の内の1つの系，あるいはいくつかの系が複合して代
謝される．最初の3つの系は化学物質にまず作用する反応系であることから，
しばしば第Ⅰ相反応と呼ばれる．第Ⅰ相反応のうちで最もよく研究されている
のが酸化である．この反応系では，分子状酸素とNADPHを要求するチトク
ロームP-450酵素系が中心的な役割を果たしている．佐々木ら[18]は金魚の肝ホ
モジネートを用いて in vitro で TBP の分解実験を行った．TBP のブチル基
が水酸化された代謝産物が検出され，TBP はまず P-450 により次の抱合（第
Ⅱ相反応）を受けやすい代謝産物に変化させられることが明らかになった．

　抱合は第Ⅰ相の代謝産物あるいは直接親化合物を，極性が著しく大きく排泄
されやすい物質に変える反応であり，薬物代謝の第Ⅱ相反応といわれている．
抱合反応のうちで重要なものは，グルクロン酸抱合，硫酸抱合，グリシン抱
合，グルタチオン抱合であるが，これらの反応が多数の魚類において認められ
ている．小林ら[19]は和金による PCP の代謝を研究した．和金に吸収された
PCP の55％が鰓から，尿と胆汁から総排泄量のそれぞれ23％と21％が排泄さ
れ，その大部分は抱合体として排泄されることを確認した．鰓および尿からは
硫酸抱合として排泄されるのに対し，胆汁ではグルクロン酸抱合として排泄さ
れ，排泄の経路によって抱合の形が異なることが確認された．

　薬物代謝酵素の研究は，薬物代謝酵素活性を指標にして環境の汚染状況をモ
ニタリングする手法を開発する方向でも研究されてきた．化学物質に曝露され
ると薬物代謝酵素が誘導され，その活性が高くなることが次第に明らかになっ
てきた．今後，環境水の濃度と酵素活性の変化の関係などを検討し，環境変化
を定量的に把握するための手法の開発など発展が期待される．

4・4　有害化学物質の蓄積過程の解析とモデル化　　魚介類の有害化学物質
濃度が許容濃度以上になり，生産された魚介類が食品に適さないことは漁業に
とって好ましくない．水域の汚染による魚介類の有害化学物質濃度の変化の予
測，並びに経鰓濃縮と経口濃縮の濃縮経路の相対的重要度を解明することは，
水域汚染の対策の検討において重要である．

　Connoly[20] は，アメリカのニューベッドホードの PCBs 汚染による魚介類

の PCBs 濃度の変化を食物連鎖モデルで解析した．魚介類としてカレイとロブスターを選定し，それらの食物連鎖網を解析するとともに，カレイとロブスターの PCBs 濃度および濃縮経路の寄与度を予測した．食物連鎖モデルでは，魚介類中の有害化学物質濃度は次式により求められる．

$$dV_i/dt = K_{vi}C + \sum \alpha_{ij}C_{ij}V_j - (K_i + G_i)V_i \qquad (5 \cdot 1)$$

ここで，

V_i：　食物連鎖の i 種の生物体内化学物質濃度（μg/g wet wt）

K_{ui}：　i 種の経鰓濃縮に係る取り込み速度定数（l/g·day）

K_i：　i 種の排泄速度定数（l/day）

α_{ij}：　餌生物 j 種から経口的に摂取された化学物質の i 種による吸収率

C_{ij}：　i 種による餌生物 j 種の摂取量（g/g·day）

G_i：　i 種の成長速度（g/g·day）

V_j：　餌生物 j 種の化学物質濃度（μg/g wet wt）

c：　水中の化学物質濃度（μg/l）

n：　i 種に摂取される餌生物の種類数

（5·1）式の右辺の第1項および第2項は，それぞれ経鰓濃縮および経口濃縮による有害化学物質の蓄積速度を示し，第3項は魚体からの排泄および成長に伴う希釈を示す．

　ニューベッドホードのカレイとロブスターの PCBs 濃度を（5·1）式で予測すると，推定 PCBs 濃度は現場調査で採集したカレイとロブスターの実測濃度とよく一致した．また PCBs の蓄積経路は，カレイでは底質から移行する蓄積経路が主要であること，またカレイに比較すると底質の役割は小さいが，底質に堆積する PCBs がロブスターにも移行することが明らかになった．このことは海水中の PCBs 濃度が低下しても底質に堆積する PCBs が魚介類に移行し，魚介類に長期間 PCBs が残存することを示唆する．

　Irie[21] は水俣湾における魚介類の水銀による汚染を詳細に検討した．水俣湾で漁獲された魚類を水俣湾に定住あるいは半定住の種と水俣湾に一時的に回遊してくる種に区分した．さらにこれらの魚種を藻類食性，プランクトン食性，貝類食性，小型甲殻類食性，大型甲殻類食性，多毛類食性および魚食性の食性により区分し，魚類中の水銀濃度を測定した．食性と水銀濃度との関係を図

5・8に示した．藻類食性やプランクトン食性の魚種の水銀濃度が低いのに対して，大型甲殻類食性，多毛類食性や魚食性の魚種の水銀濃度が高い傾向が認められた．一方，同じ食性型でも定住性の強い魚種は，回遊性の強いものに比較

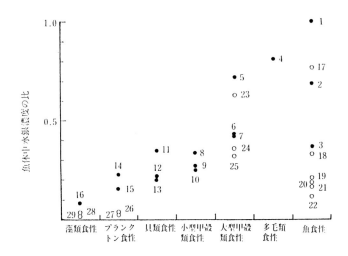

図 5・8　水俣湾産魚類の食性型及び移動型と水銀濃度との関係
1：アイナメ，2：トカゲゴチ，3：クロアナゴ，4：シロギス，5：カサゴ，
6：クロダイ，7：キジハタ，8：ウミタナゴ，9：クジメ，10：メバル，
11：ササノハベラ，12：ニシキハゼ，12：ヒガンフグ，14：スズメダイ，
15：コノシロ，16：メジナ，17：シマイサキ，18：スズキ，19：ヒラメ，
20：アカカマス，21：トカゲエソ，22：タチウオ，23：シログチ，
24：マダイ，25：イゴダカホデリ，26：マアジ，27：イサキ，28：アイゴ，
29：ボラ．　黒丸（1〜16）：定住種，白丸（17〜29）：来遊種
水銀濃度が最大であったアイナメの水銀濃度を1として各魚類の水銀濃度を比を用いて示した．

して水銀濃度が高い傾向であった．これらの結果から，水俣湾では魚類の水銀値は栄養段階の高いものほど，また定住性が強いものほど高いことが認められた．多毛類，ヒライソガニやオウギガニなどの底生生物の水銀濃度は底泥の水銀濃度に相関し，底泥の水銀濃度の高い水域で高かった．したがって底泥に堆積する水銀が底生生物を経由して魚類に至ることを確認した．

近年，食物連鎖構造の解析のために ^{15}N や ^{13}C の安定同位体が使用されるようになり，食物連鎖を詳細に解析することが可能となった．食物連鎖構造と有害化学物質濃度との関連性を追求することにより，生態系を通した有害化学物

質の蓄積機構が解明されるであろう[22].

ニューベッドホードのPCBsあるいは水俣湾の水銀汚染において魚介類の汚染経路が現場の生態系で明らかになった. これらの研究の結果によると, 底泥に堆積する有害化学物質の魚介類への蓄積が, 重要な汚染経路1つであった.

§5. 今後の研究課題

有害化学物質による水質汚濁に関して, (1)環境汚染の防止, (2)被害の防止および(3)汚染の除去の観点から研究が進められる必要がある.

5·1 有害化学物質の発生源に関する研究 (環境湾染の防止)

「化審法」や「農薬取締法」などの法律の整備にともなって, 新規化学物質の有害性が審査されるようになった. しかし既存化学物質の点検は遅々として進んでいなく, 環境汚染の未然防止のために既存化学物質の安全性の点検を行う必要がある. また1·1において述べたように, 製品の製造工程などにおける非意図的生成物質が生成されたり, あるいは環境に流出した後に物理化学的な変化を受け, 毒性の強い物質に変換されることもある. 今後, 化学物質の管理体制が確立され, ある目的のために使用した化学物質による水質汚濁は減少すると考えられる. したがって非意図的生成物質の発生予測と水質汚濁に関する研究は重要であろう.

5·2 環境の管理目標の設定に関する研究 (被害の防止)

1) 水質環境基準: 有害化学物質による公共用水域の汚染は, 水質環境基準を設定して種々の施策を推進することにより改善されてきた. 有害化学物質 (健康項目) の水質環境基準は, 人の健康を保護する観点から主として飲料水の水質を検討する方法を準用して定められた. すなわち, 有害化学物質の人による1日許容摂取量 (ADI: Acceptable daily intake), 食餌における飲料水の寄与率および飲料水摂取量から求められた. しかし有害化学物質は, 飲料水の他に魚介類を通しても人に摂取される. したがって環境水の有害化学物質濃度は, 魚介類による生物濃縮とその摂取量 (寄与率) も考慮して検討されるべきであり, 生物濃縮の研究は海産魚介類に関して特に重要である.

有害化学物質は人の健康のみならず, 水域生態系にも影響を及ぼす. 種々の漁業対象生物にも当然その影響は現われ, ある種の漁業が消滅することも考え

られる．例えば有機スズ化合物による巻貝の生殖障害は，人の健康への影響から推察される濃度に比較して著しく低い $2\,\mathrm{ng}/l$ の低濃度で起こることが明らかにされ，さらにバイ資源の減少が，有機スズ化合物によって引き起こされていることが推察された[23]．このように有害化学物質の生態系におよぼす影響は，漁業に対する直接的な影響であり，さらに魚介類の摂取を通して人の健康にも間接的に影響を及ぼす，したがって水質環境基準は，人の健康の保護のみならず生態系の保全の立場でも検討される必要がある．

有害化学物質の生態系への影響は，生態系を構成する生物に対する急性，亜急性あるいは慢性的毒性を調べることにより評価されてきた．今後は生態系の構造および機能に対する影響を，その研究方法も含めて検討する必要がある．

2）**底質環境基準**：有害化学物質による水質汚濁の状況の項において述べたように，水中の有害化学物質濃度が排水規制などにより著しく改善されたのに対し，底質には依然として有害化学物質が比較的高濃度で検出される．またその濃度は経年的に減少している傾向ではあるが，その濃度変化は著しくなかった．有害化学物質の水域における挙動の項で述べたように，一般的に水溶解度の小さい脂溶性有害化学物質は，底泥に堆積しやすく底質汚染物質として機能する．また底質における有害化学物質の微生物分解は，底泥が一般に嫌気的なために水中における微生物分解に比較して小さい．したがって有害化学物質は底泥に長期間残存する可能性がある．

水生生物の食物連鎖は，植物プランクトン，動物プランクトン，プランクトン食性魚，魚食性魚から構成される主として海水に依存する食物連鎖と，多毛類のような小型底生生物，ベントス食性底生生物，ベントス食性魚から構成される底質に依存する食物連鎖に大別される．多毛類のような底生生物は，底泥に堆積するデトライタスを餌として摂取し，摂餌と同時に底質も摂取するために底質に堆積する有害化学物質は，底生生物体内に取り込まれる．水俣湾の食物連鎖を通した水銀の蓄積過程の解析において明らかになったように，底質に堆積する有害化学物質は，海水に溶出することなく生物に移行することが考えられる．このように，底質は有害化学物質の汚染源であり，生産される魚介類が食品として適さないことのないように底質の管理目標（底質環境基準）を設定することは重要な課題である．わが国における底質の管理目標は，水銀およ

び PCBs による汚染底泥の暫定的除去基準が定められているにすぎない．その基準値の妥当性とさらに多くの有害化学物質の底質基準を検討する必要がある．

底質に係る環境基準の設定方法として生態学的方法，生物検定法や物理化学的方法の種々の方法が提案されている[24]．

生態学的方法は，汚染域と非汚染域における底生生物群集の相違を比較して底質の汚染レベルを評価する方法である．しかしこの方法には，汚染域と非汚染域の選定が可能かどうか，底生生物群集は，種々の環境要因によって支配されているので特定の有害化学物質の影響を抽出し，評価することが可能かどうかなどの多くの問題点がある．

生物検定による方法は，生物を既知濃度の有害化学物質を含有する底質に曝露させ，底質中の有害化学物質濃度と生物影響の関係を整理して底質中の許容濃度を決定する方法である．この方法は，海水中の有害化学物質の生物検定法を底質に応用する方法であるが，海水と底質では有害化学物質の存在状態が異なるので，底質における有害化学物質の存在状態と挙動を考慮した新たな生物検定法の確立が必要である．

物理化学的方法は平衡分配係数（底質中濃度と水中濃度の比）から水中の有害化学物質濃度が，水質環境基準以下になるように底質の許容濃度を定める方法である．また同様な考え方で底泥間隙水中の有害化学物質濃度が，水質環境基準以下になるように底質の許容濃度を定める方法も提案されている．これらの方法では，平衡分配係数が，底質の組成や環境条件などの複雑な要因によって変化するなどの多くの問題点がある．

このように，底質環境基準の種々の設定方法が提案されているが，多くの問題点がある．特に生物検定法や物理化学的方法では，底質中の有害化学物質が海水に溶出した後に生物に影響を及ぼすことを念頭において考えられている．しかし既に述べたように底質の有害化学物質は底生生物が介在する底質を中心とした食物連鎖網により魚類に蓄積されることが確認された．底質から底生生物，底生生物から魚類への有害化学物質の濃縮係数を考慮して，魚介類における有害化学物質濃度を予測することにより底質環境基準を設定することもできるのではないだろうか．今後，検討しなければならない課題であろう．

5·3 水質汚濁の浄化に関する研究（汚染の除去）　有害化学物質は微生物によって分解されることが確認され，分解細菌の探索も行われてきた．微生物機能を積極的に利用した環境修復（Bioremediation）[25,26]が，アメリカを中心として試みられている．トリクロロエチレンなどの有機塩素溶剤による地下水汚染の浄化にとって効果的であることが確認された．

Bioremediationには，分解細菌を移植する方法（Seeding）と分解細菌の機能を高めるために窒素源などの栄養物質を使用する方法（Fertilization）の2つの方法が採用されている．アラスカのプリンスウィリアム湾の石油流出事故では，Fertilizationがある程度効果的であったと報告されている．Bioremediationの方法を内水面やさらに面積の広い海域に応用することは，多くの制約と問題点があると考えられる．例えば窒素源としての栄養物質の使用は，水域の富栄養化を引き起こさないように注意する必要がある．しかし汚染された水域の浄化のために単に汚染底泥を除去するような土木工学的手法以外にMarine Biotechnologyなどの新しい技術の応用を検討することは今後の研究課題であろう．

文　献

1) 川合真一郎・山本義和：明日の環境と人間～地球を守る化学の知恵～　化学同人，pp. 207（1993）.
2) 環境庁環境保健部保健調査室：化学物質と環境（平成3年版），公害研究対策センター，東京，pp. 628（1990）.
3) 環境庁水質保全局：平成4年度公共用水域水質測定結果について（1993）.
4) 松本英二：地球化学, **17**, 27-32 (1983).
5) 海上保安庁水路部：海洋汚染調査報告（1～19号）.
6) R. Tatsukawa : *Wat. Sci. Tech.*, **25** (11), 1-8 (1992).
7) 田辺信介・立川　涼：沿岸海洋研究ノート, **19**, 9-19 (1981).
8) 田端健二：環境化学物質と沿岸生態系（吉田多摩夫編），恒星社閣生閣, pp. 43-57 (1986).
9) 若林明子：松くい虫特別防除に係る沿岸漁業影響調査報告書（林野庁），165-251

(1991).
10) L. S. McCarty *et al.* : *Environ. Toxicol. Chem.*, **4**, 595-606 (1985).
11) D. W. Hawker and D. W. Connell : *Water Res*, **22**, 701-707 (1988).
12) H. Yamada and K. Takayanagi : *Water Res*, **26**, 1589-1595 (1992).
13) 山田　久：有機スズ汚染と水生生物影響（里見至弘・清水　誠編），恒星社厚生閣, pp. 136-153 (1992).
14) S. Tanabe and K. Murayama and R. Tatsukawa : *Agric. Biol. Chem.*, **46**, 981-988 (1982).
15) 鈴木輝明・畑中正吉：日水誌, **40**, 1173-1178 (1974).
16) H. Yamada, A. Tateishi and K. Takayanagi : *Environ. Toxicol. Chem.*, **13**(9) (1994).
17) 小林邦男：化学と生物, **17**, 761-769(1979).
18) 佐々木久美子・鈴木　隆・武田明治・内山

充：衛生化学, **31**, 397-404 (1985).

19) K. Kobayashi and N. Nakamura : *Nippon Suisan Gahkaishi* **45**, 1185-1188 (1979).

20) J. P. Connolly : *Environ. Sci. Technol.,* **25**, 760-770 (1991).

21) T. lrie : Proceedings, Japanese-French Workshop on Recent Progress on Knowledge of the Behaviour of Contaminants in Sediments and their Toxicity to Aquatic Organisms, 102 ～106, March, 1994, National Research Institute of Fisheries Science (1994).

22) C. Rolff, D. Broman, C. Naf and Y. Zebuhr : *Chemosphere,* **27**, 461-468 (1993).

23) 堀口敏宏・清水　誠：有機スズ汚染と水生生物影響（里見至弘・清水　誠編）, 恒星社厚生閣, pp. 99-135 (1992).

24) (社)日本水質汚濁研究協会：平成2年度環境庁委託業務結果調査報告　水銀を含む底質が水環境に及ぼす影響に関する文献調査 pp. 75, (1991).

25) E. L. Madsen : *Environ. Sci. Technol.,* **25**, 1663-1673 (1991).

26) J. K. Fredrickson, H. Bolton Jr. and F. J. Brockman : *Environ Sci. Technol* , **27**, 1711-1716 (1993).

27) 里見至弘：現代の水産学, 恒星社厚生閣 pp. 241-249 (1994).

6. 油汚染からの環境回復

徳 田 廣*

　海上保安庁の調査によれば，わが国沿岸での石油流出による汚染件数は，1982年には811件であったが，以後年々減少して1992年には473件であった．しかしこの後者の件数でも，日本のどこかで1日当たり1件以上の汚染が発生していることになる．近ごろは，海洋環境，海洋生態系，あるいは水産業へ重大な影響を及ぼす事故でなければ，ローカルな事例，当事者のみの問題として処理され，一般に報道されることはない．このような日常的ともいえる海面の油汚染事故は，海岸を保有する多くの国々に共通した問題である．しかし時には局部的な沿岸環境の破滅を想起させる大量油流出事故が，過去に何回も発生している．近年の例として，外国では1989年3月のアラスカの Prince William Sound で Exxon Valdez 号座礁による原油26万バレル（1バレル≒0.159 kl）の流出，1989年12月モロッコ沖でイランのタンカーが爆発して原油51万バレルの流出，1991年1月湾岸戦争中にクウェート南部より推定約200万ないし400万バレルの原油の流出，1992年12月スペイン北西部 La Corña 港口で Aegean Sea 号が座礁して原油6万トン以上の流出，1993年1月 Shetland Islands 南端 Garths Ness にノルウェーの Gullfaks 原油を積載した Braer 号が座礁して全積載油（84,500トン）の流出，国内では1990年1月若狭湾に Maritime Gardinia 号が座礁して燃料用C重油68トンの流出，1993年5月いわき市塩屋崎沖にて泰光丸が他船と衝突して C重油（比重0.9920）521 kl の流出，などがあげられる．こうした流出油事故による環境，生態系，産業への影響は，流出量に必ずしも比例するわけではなく，事故発生以降の海況，天候，流出油の種類により大きく変わってくる．しかしいずれにせよ，事故が発生すれば，石油流出による環境などへの負荷を軽減すべく，何らかの対応がせまられるが，その対応上問題となる点をいくつか取り上げてみよう．

---

* 日本エヌ・ユー・エス㈱

§1. 流出油の変性

　原油や石油製品が海面に流出すると，ふつうは直ちに海面上で油膜が拡大しながら，同時に低沸点画分は空気中へ蒸発（主に＜C_{20} の芳香族と飽和炭化水素）と海水中への溶解（主に＜C_{15} の芳香族）が始まる．波浪が激しいときは，油滴やさらに細かい油粒の形となって海水中への拡散も行なわれる．この結果，ガソリン，灯油，軽油などのように無色透明な石油製品では，流出後比較的短い時間（数日）内に，海面から消失する．これは高沸点画分などを含まず，後述するムース形状が行なわれないからである．一方，原油や重油では，時間経過とともに油膜中の高沸点画分量が相対的に増加するため，流出油の粘度が増加する．蒸発による重量の減少と粘度との関係は，動粘度が初め23 cSt (10°C) であったある原油が，15%減で 86 cSt，20%減で 197 cSt，27%減で 1,023 cSt，33%減で 2,650 cSt，のごとく粘度が増加することが実験的に知られている[1]．しかし実際の海面においては，蒸発，溶解による油分量の減少と同時に，油膜が海水を微粒子の形で吸収して油中水エマルジョン（water-in-oil emulsion，以下ムース mousse と称す）を形成し，体積を膨張するとともに粘度を増加させる．クウェート原油の場合，流出前の動粘度は 23 cSt (10°C) であるが，流出 4 時間後：体積不変，含水量 3%，動粘度 77 cSt (20°C)，24 時間後：体積 100% 増，含水量 70%，動粘度 400 cSt，7 日後：体積 230% 増，含水量 82%，動粘度 6,100 cSt と変化する[1]．かつての瀬戸内海における水島事故（1974年，C 重油 7,000 kl が流出）の際，対岸の香川側に漂着した油塊（ムース）の除去にクレイン車を必要としたことから，油のムース化による高粘度化の様子が窺えよう．海況がよければムース化油は海上で漁網により回収することが可能である．しかしムース化油は，体積に対して表面積が少ないので微生物分解は捗らず，また乳化分散剤は内部に浸透しないため効果がない．したがって回収しなければ徐々にタールボール化して漂流し，いずれどこかの海岸に漂着するか，砂や漂流物を巻き込んで比重を増し，海底に沈降していく．

　ムース形成には，原油や重油に含まれるアスファルト分，ワックス分（long chain alkanes），レジン分（異環 NSO 化合物，およびフェノール，クレゾール，チオール，チオフェン，ピリジン，ピロール化合物）などが関与すると

いわれている.

　流出油処理に際しては, ムース化する前に迅速に対処することが肝要で, ムースや油膜が海岸に漂着すれば, 後遺症が長引くことを覚悟しなければならない.

§2. 対生物有害性

　石油類の生物に対する急性有害性としてもっとも特徴的なのは, 細胞膜の選択的半透性を損なうことである. この膜は2層の親油性膜質（脂質膜）を上下からサンドイッチするようにタンパク質膜で覆った構造をしており, 海水中に溶解した低分子芳香族は, 迅速に細胞膜に浸透して脂質膜を溶解させて, 正常な脂質分子間の間隔を乱し, また高分子の多環芳香族はゆっくりを細胞膜に浸透して脂質分子間に割り込み, 正常な分子配列を乱す. 界面活性成分が存在すれば, 細胞膜表面のタンパク質膜と結合してこれを崩壊させる. こうした結果として, 細胞膜の半透性に異常をきたすのである[2]. 一般に原油中の芳香族化合物は15%〜25%程度存在し, 単環芳香族化合物合計量より複環以上の多環芳香族化合物合計量のほうが多いが, 単環芳香族のほうがはるかに溶解度が高い（benzenes として $20\,g/m^3$, higher PNAs として $0.0002\,g/m^3$）ので, toluene や xylene などは海産生物に強い毒性をもつと考えられているが, fluorene, phenanthrene, fluoranthene などは, toluene や xylene の1/10以下の濃度でも同様な毒性を発揮するのである[3].

　鰓呼吸をする水生動物が, 溶存酸素があるにも係わらず, 油汚染で窒息死するのは, 鰓の半透性機能が損なわれ, 呼吸ができなくなるからである. 油汚染海域でウニ卵が成熟する途中で破裂するのも, 卵膜の半透性が狂わされた結果と考えられる.

　緑藻アオノリやアオサの配偶子, 遊走子はともに眼点をもち, 多くの種類のものがプラスの走光性を示すが, 油分が溶けた海水中では, 走光性を失ってしまう. これは眼点が感じた光の方向へ誘導するための細胞内の情報伝達, ならびに鞭毛の運動が, 細胞内に浸透した油分により異常になったからであろう[4]. 熱帯地方の河口域に生育するマングローブは油汚染の影響を受けると, 根にある塩分排泄細胞の機能が損なわれ, 体内に塩分が蓄積し, 塩害により枯死して

6. 油汚染からの環境回復　75

しまう[5,6].

　以上の他に, 油汚染の海産生物, 生態系への影響に関して, 様々な知見が得られているが, スペースの関係上ここに紹介できない. 既報文を参照されたい[7~9].

§3.　化学的処理剤

　流出油処理に関して集油剤, 表面拡散剤, 沈降剤など, 従来様々な化学的処理剤が開発されてきた. しかしその効用, 環境および生物への影響から, 現在使用されているのは, ゲル化剤と乳化分散剤のみのようである. 前者は油膜上に散布することにより, 流出油をゲル化 (固化) させるもので, 適用後ゲル化油を回収しなければならず, 大量流出事故には不向きである. 後者は流出油を細かな油滴として海水中に拡散せしめて海面から油膜を消し, 流出油の表面積を増大させることにより, 微生物による分解を容易ならしめるための化学剤であるが, 通常の製剤では流出油膜に散布するだけで充分な乳化がえられず, 船が曳いた攪拌板などで油膜と処理剤の混合を促す作業が必要である. わが国で大量の乳化分散剤が用いられたのは, 1971年新潟港外でのジュリアナ号事故のときである. 当時の乳化分散剤は, 非イオン系界面活性剤と炭化水素系溶剤とから成っていて, 生分解しにくいエーテル型界面活性剤と芳香族を含んだ溶剤が用いられ, 極めて対生物有害性が高かったが[9,10], 政府の指導によりエステル型界面活性剤, n-パラフィン系溶剤などを配合した生分解性がよくしかも低有害性な製剤の開発が迅速に行なわれ, 各メーカーはこぞって自社製品の低有害性をセールスポイントにした. その結果, 有害性に関しては, 満足すべき製剤が市販されるようになったが, その乳化性能が基準値を満たしているとはいえ低下し, 理論上流出油量の25～30％を油膜に散布すれば流出油を処理できるとされているが, 実際には流出油と同量を散布しなければならない製剤が多くみられ, 以後20数年, この方式の乳化分散剤は, さしたる改良もなく現在に至っている. また散布前に海水と混合すると効果が低下する製剤にもかかわらず, 混合散布するという誤った適用法も問題である. 今後は乳化力の向上と適正な散布法の実施が求められる. すでに溶剤の配合量を極めて少なくした濃縮型乳化分散剤が市場に出ているが, 乳化力, 散布後の攪拌の必要性などは, 従

来の乳化分散剤と変わるところはない.

また現在の乳化分散剤は，従来型も濃縮型も，動粘度 1,000 cSt 程度までの流出油を処理する性能しかもっていない[12]．石油類の粘度は温度により変化し，冬季に海面に流出したC重油では，容易に 1,000 cSt を超えるので，今の乳化分散剤では対処できない．事故現場の状況から，油の回収や吸着マット投入（油吸着後のマットも最終的に回収しなければならない）が不可能な時は，乳化分散剤に依存しがちである．より高粘度の流出油処理が可能な乳化分散剤の早急な開発が望まれよう.

上述の乳化分散剤と異なり，散布後攪拌を必要としない乳化分散剤が20年ほど以前に開発され，すでに市販されている．self-mixing dispersant（自己混合型拡散剤）と称され，界面活性剤と両親媒性物質を溶剤に配合した製剤である[13]．この製剤を油膜に散布すると，製剤が油膜に馴染んだ後，溶剤が海水中へ拡散していく．この時，油膜の表面張力は界面活性剤の効果で充分低下しており，油分も一緒に細かな油粒として海水中に引っ張り込まれ，油分が海水中へ拡散していく．従来型の乳化分散剤では，攪拌により乳化した油粒は大きさが様々であるが，self-mixing type では溶剤の拡散エネルギーによるため，細くて均一（油粒の直径は 1 μm 以下）である．この製剤の長所は，油分量の 5〜10％の散布で有効であり，大量の油流出事故に航空機から油膜に適用するのに適している．しかしこの製剤は従来型乳化分散剤に比べ，対生物有害性が強いという弱点をもっている[20]．さらに有害性の低い self-mixing 型製剤の開発も望まれるが，現状のままでも航空機の利用で迅速な対応が可能であり，散布量が少なくて済むことを考慮すれば，沖合での大量流出事故処理において高い効用性をもっているが，わが国では現在，法的規制により使用できない.

§4. 栄 養 剤

微生物が流出油を分解するためには，窒素化合物やリン化合物などの栄養分が必要である．海水中にはこれらの栄養分は微量ながら溶存するが，その濃度は海域により千差万別であり，たとえ充分量存在する沿岸域であっても，局所的に大量油流出事故が発生すれば，現場ではこれら栄養分の枯渇が予測される．そこで流出海域でN，Pが制限因子にならないよう開発されたのが，石油

分解菌賦活用栄養剤である．いく種類かの栄養剤が市販されているが，Inipol EAP 22 および Customblen が，1989年アラスカでの Exxon Baldez 号事故処理に用いられたので知名度が高い．前者は流出油処理専用栄養剤として，フランスで1983年に開発された[14]．当時はその処方は明らかにされなかったが，その後明記した報文によると[15]表6・1のごとくである．開発後，生分解が

表 6・1　栄養剤2種の組成

Inipol EAP 22 化 合 物	化 学 式	栄養素濃度
Olieic acid	$CH_3(CH_2)CH=CH(CH_2)COOH$	N : 7.4%
Tri (laureth-4) phosphate	$[C_{12}H_{25}(OC_2H_4)_3O]_3 PO$	P : 0.7%
2-Butoxyethanol	$HO-C_2H_4-O-C_4H_9$	
Urea	$NH_2-CO-NH_2$	
Water	H_2O	

Customblen granular solid 化 合 物	化 学 式	栄養素濃度
Ammonium nitrate	NH_4NO_3	N : 28%
Calcium phosphate	$Ca_3(PO_4)_2$	P : 3.5%
Ammonium phosphate	$(NH_4)PO_4$	

遅いと考えられる水温の低い北緯45°の Nova Scotia から南緯50°の Kerguelen 島まで，世界各海域でテストが行なわれたが結果は上々であった[16,17]．それらのテストは，現地の海水をコンテナーに満たし，石油類を注いで油膜を形成させ，その上に栄養剤を適用し，現地の海岸に設置する実験法を用いた．最終的にノルウェーのシュピッツベルゲンのフィヨルドをオイルフェンスで仕切り，その中に原油や軽油を撒き，栄養剤を油膜上に添加したが，これまでのコンテナー内での実験と異なり，油分の生分解は思わしくなかった．油分に馴染んでいたと考えていた親油性のマイクロカプセル内の尿素液が，散布直後に油膜から海水中へ溶出していたのである．コンテナーのように限られた容積のなかでは，海水中へ栄養が逃げても，石油分解菌に有効に働くが，フェンスで仕切ったとはいえ，油分に比べ，はるかに多い海水に栄養分が逃げてしまっては，分解菌に対して効果が薄れてしまうのである．しかしこのフィールド実験で，海岸の粗い砂にこの栄養剤を散布すれば，吸着した油分の分解にひじょうに有効であることが証明された．油が細かい砂に吸着した場合は，砂層の内部

が嫌気状態になるため，栄養剤を適用しても効果が発揮されないと考えられる．この結果をふまえて，アラスカの油まみれの小石海岸や粗砂海岸の回復に適用されたのである．Customblen は，元来は芝生のための粒状で遅効性の栄養剤（slow-release solid fertilizer）であるが，アラスカでは海岸のところどころに小穴を掘り，そこに埋めて使われた．石油分解菌用栄養剤はこの他にもあるようだが，以上2種類が一応の評価を得ている製剤である．

§5. 微生物製剤

　地球上の海岸域で原油採掘とは関係なしに，原油が自然に漏出している場所があちこちで知られており[3]，その推定漏出量は年間20万トンといわれる．また油汚染のない正常な海洋環境下で，海産藻類は同化産物として C_{13}〜C_{26} の炭化水素を微量蓄積する．その量および組成は藻類の種類により異なるが，主成分は珪藻，渦鞭毛藻，褐色鞭毛藻，ハプト藻では n-C_{21}：6，緑藻では n-C_{17}：1，褐藻では n-C_{15}，紅藻では n-C_{17} である[18,19]．動物プランクトンのカイアシ類 *Calanus* spp. では pristane（$C_{19}H_{40}$, isoprenoid alkane）が主炭化水素である[20,21]．サメ肝油中に多量の squalene（$C_{30}H_{50}$, non-cyclic tri-terpene）があることは周知のことである．このように海洋には生物および非生物起源の炭化水素が存在しているので，地球上どこの海水，底層中に炭化水素分解菌が常に存在していても不思議はない．前項の栄養剤はこうした自然に存在する炭化水素分解菌を賦活するための製剤である．しかしときには予め炭化水素分解菌を培養・保存した微生物製剤を調製しておき，これを栄養剤とともに油汚染現場に散布する処理法が適用されることもあるようである．米国では1976年以来1991年までに，微生物製剤，栄養剤，およびこの両者を同時に配合した製剤が生物添加剤（Biological additives）として国家緊急防災計画（NPC）製品一覧表に34製品も記載されており[22]，アラスカの油汚染事故を契機に，さらに多くの製品が開発されている．わが国でも栄養剤，微生物製剤が，ともにいくつかの企業で研究・開発されているが，事故現場に適用した時の評価は聞こえてこない．一方，すでに外国の油事故現場で微生物製剤を適用した評価はあまり芳しくないようである．その原因として，(1)現場に微生物製剤を適用したときは，すでに流出油がムース化しており，その製剤が効果を発

揮できなかった，(2)現場海水中の炭化水素分解菌と製剤中の微生物と生存競争が行なわれ，どちらの起源にせよ，炭化水素分解菌が順調に現場海水中で増殖しなかった，(3)貯蔵中に製剤中の微生物が不活性化した，などが考えられるが，今後この製剤の開発のために，こうした点をいかに克服するかが課題となろう．

§6.　油吸着材

　吸油性の高い資材を油膜中に投入し，流出油を吸着処理する方法も現在用いられている．この資材が油吸着材である．投入した吸着材は，必ず回収しなければならないが，1回の使用のみのもの，現場で吸着油を搾り取って繰り返し使用できるものとがある．それらの素材をみると，パーライト，バーミキュライト，火山灰などの多孔質の鉱物質，ポリエチレン，ポリプロピレン，ポリウレタンなどの化学繊維による非生物系，トウモロコシの穂軸，木材繊維，麦藁，ピーナッツ殻，おが屑などの生物系などからできている．生物系素材からなる製品は生分解が可能なことから，1989年のアラスカで大量流出事故後，種々開発されているが，油を吸着した資材は生分解を受けはじめると，吸着材内部がすぐ嫌気状態になるため，ムースやタールボール同様，分解には長時間を必要とし，回収し残すと，二次汚染を引き起こす恐れがある．生分解素材であることを過信することなく，非生物素材製品同様，回収に努力すべきである．

§7.　国際的対応

　世界のどこかで大量油流出事故が発生し，自国だけで対応できない場合，他国に援助を求めることができる国際条約，すなわち OPRC 条約（International Convention on Oil Pollution Preparedness, Response and Cooperation, 油汚染に対する準備，対応及び協力に関する国際条約）の批准が世界各国で目下検討されている．わが国でもこれを批准すれば，加盟国から要請があれば，援助に向かわなければならないし，またわが国への援助要請も可能である．したがって，このような場合を想定し，化学的処理剤（乳化分散剤など）や物理的資材（オイルフェンス，吸着材など）の性能や規格において，他国での使用時にトラブルがおきないようわが国の規準を見直すなり，国際的

規準を新たに設置するなり，なんらかの対応が必要とされよう.

文　献

1) J. W. Doerffer : Oil Spill Response in the Marine Environment, Pergamon Press, 1992, 391 pp.

2) J. van Overbeck and R. Blondeau : *Weeds,* **3,** 55-65 (1954).

3) Steering Committee for the Petroleum in the Marine Environment Update, Board on Ocean Science and Policy, Ocean Sciences Board, Commission on Physical Sciences, Mathematiacs, and Resources,and National Research Council : Oil on the Sea-Inputs, Fates and Effects. National Academy Press, Washington, D. C., 1985. 601 pp.

4) H. Tokuda : *Hydrobiologia* **116/117,** 433-437 (1984).

5) P. F. Scholander : *Physiol. Plant.,* **21,** 251-261 (1968).

6) D. S. Page, E. S. Gilfillan, J. C. Foster, J. R. Hotham and L. Gonzalez : *Proc.* 1985 Oil Spill Conf., Am. Petr. Inst., Washington, 1985. pp. 391-393.

7) 徳田　廣：水圏，環境汚染物質シリーズ—炭化水素（日本化学会編），丸善，1978. pp. 143-158.

8) 徳田　廣：化学と工業，**44**(7)，1129-1133 (1991).

9) 徳田　廣：日本海水学会，**45**(5)，276-282 (1991).

10) 海難防止協会：昭和46年度海水油濁防止の調査研究—中間報告書, pp. 319-343(1972)

11) 大久保勝夫：ジュリアナ号石油流出事故による漁業への影響調査報告 II，水産資源保護協会，pp. 68-78（1973）.

12) 海上災害防止センター：海上防災調査研究報告書（大規模流出事故対応のための防除技術の開発—油処理剤による最適防除手法に関する調査研究），1994. 印刷中.

13) G. P. Canevari : Proc. 1975 Conf. Prevention and Control of Oil Spill, Am. Petrol. Inst., pp. 337-342 (1975).

14) B. Tramier and A. Sirvins : Proc. 1983 Oil Spill Conf., Am. Petrol. Inst., pp. 115-119 (1983).

15) J. R. Bragg, R. C. Prince, J. B. Wilkinson and R. M. Atlas : Bioremediation, Exxon Co., U. S. A., 1992. 94 pp.

16) K. Lee and E. M. Levy : Proc. 1987 Oil Spill Conf., Am. Petrol. Inst., pp. 411-416 (1987).

17) P. Sveum and A. Laousse : Proc. 1989 Oil Spill Conf., Am. Petrol. Inst., pp. 439-446 (1989).

18) M. Blumer, R. R. L. Guillard and T. Chase : *Mar. Biol.,* **8,** 183-189 (1971).

19) W. W. Youngblood, M. Blumer, R. R. Guillard and F. Fiore : *Mar. Biol.,* **8,** 190-201 (1971).

20) M. Blumer, M. M. Mulin and D. W. Thomas : *Science,* **140,** 974 (1963).

21) M. Blumer : *Science,* **156,** 390-391 (1967).

22) 平山政生 : *JETI,* **41**(13)，81-83 (1993).

7. 地球温暖化と水産業

岸 田   達[*]

　大気中の温室効果気体濃度の上昇によって海洋環境にも変化が起こることが予想されているが，これによって海産魚類の生態にどのような変化が起こり，魚類の生産力がどのような影響を受けるかを検討する．

§1. 考えられる変化

　温室効果気体の増加は，地球規模での気温の上昇をもたらすことが予想されている．これが海洋環境，海洋生態系の変化を通じて漁業生産量に及ぼす影響の作用機構は，考えられるものだけでも図7・1に示すような複雑多岐な系列が

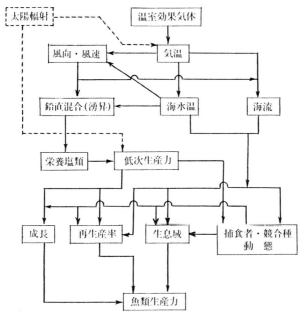

図 7・1　地球温暖化が魚類生産力に及ぼす影響の過程

---
* 水産庁中央水産研究所

存在するものと考えられる.

1・1 海洋環境の変化

1) **海水温変動**：温室効果による地球温暖化については，大気・海洋モデルを用いたシミュレーションによって研究がなされている[1]. これによれば大気中の CO_2 濃度が年率1％増加した時，70年でその濃度は現在の約2倍になるが，この時の海面水温の上昇は北緯30°以北の北太平洋で2°C，北太平洋南部と南太平洋の大部分は1°Cである. 最も昇温が激しいのは北大西洋の北西部で3°Cである.

2) **海流の変化**：予測によれば高緯度地域での昇温が大きいため，南北での温度差が縮小し，極方向への熱移動が減る. その結果，黒潮，メキシコ湾流，対馬暖流，親潮などは流量が減少する[2,3].

3) **鉛直混合，栄養塩の変化**：植物プランクトンの増殖に必要な栄養塩類は主に冬季の海水の鉛直混合によって下層から補給される. 表層の温暖化は鉛直方向の温度勾配を大きくする可能性が指摘されているため[2]，冬季の鉛直混合が弱まり栄養塩類の補給が減少することが予測される.

大陸西岸沖などに見られる湧昇域は普通の沿岸域の3倍の生産力をもつ[4]. Bakun[5]はカリフォルニア沖では温暖化により北風が強まり沖合への海水移動が増え，湧昇流が強まるとし，その結果，栄養塩類の補給は増加し基礎生産力は増加するとしている. しかし Gucinski ら[3]は各地の湧昇は温暖化の結果，弱まるか消えるかであろうと予測している.

1・2 海洋環境と魚類生産の関係

1) **鉛直混合と基礎生産力，魚類生産力**：温暖化に伴って予想される鉛直混合の減少は栄養塩類の表層への補給を減少させ，基礎生産力の減少を招くであろう. 北太平洋の亜寒帯循環域では1940年代以来40年間に亘って冬季の海面水温が低下傾向にあったが，この期間は冬季の西風が顕著に強まり基礎生産力が増加した[6]. 東部北太平洋においても1950年以降の寒冷期（1954〜72年）には，それ以降の温暖期に比べて基礎生産力が高かった[7]. これらの結果を今後予想される表層水の温暖化に対して外挿すれば，冒頭の予測と同様，基礎生産力は低下することになる.

基礎生産量 P（$gCm^{-2} \cdot yr^{-1}$）と魚類生産力 F（$kg \cdot ha^{-1} yr^{-1}$）の間には

$$1 \, nF = 1.551 \, nP - 4.49$$

なる関係が成り立ち[8]，基礎生産力が減少すれば魚類生産力は減少する．

　湧昇域は全世界の魚類生産の半分を占めており[4]，ここでの基礎生産，魚類生産の動向は注目される．北半球の海水温変動をみると，1870年代から1930年頃までは低下傾向でこの間に0.3°C以上降下したが，その後1960年頃まで増加傾向に転じこの間に0.4°C以上上昇した[9]．一方，カリフォルニア半島沖のサンタバーバラ海盆における無酸素層での堆積物中の鱗の分析によれば northern anchovy, sardine など主な浮魚類の生産力は1925年以前，つまり寒冷期の方がそれ以降の水温上昇期より高かった[10]．これは湧昇域における魚類の生産力も温暖期には低下したことを示すものであり，この結果からみると温暖化によって湧昇域でも基礎生産力は低下するのではないかと考えられる．

　2）　**海洋環境と魚類の生息域**：イギリス海峡では1925～35年頃南方系の生物が増加し，1965～79年頃に北方系の生物相に復帰した[11]．これは北半球の環境変動に対応し寒冷期には北方系の生物相が，温暖期には南方系の生物相が卓越したものとされている[12]．

　日本近海でも常磐・三陸沖の混合水域では水温の変化に伴って魚種組成の変化が見られた．この海域の水温は1960，70年代は高目で1980年代は低目であったが，これに対応して茨城県沖では70年代後半からオキアミ，イカナゴなど北方系魚種の漁獲量が増加し出した[13]．逆に温暖であった年にはブリ，チダイなど暖流系魚種の漁獲量が有意に多かった[14]．

　暖流域を再生産の場とする浮魚類マサバ・マイワシ・カタクチイワシなどは資源水準がある程度高くなると分布域を拡大し，夏の索餌期には北海道周辺などにも回遊する．温暖化によって北太平洋の高緯度地域の海水温が2°C上昇するとすれば，基礎生産力の高い親潮域へのより広範な索餌回遊が可能となり混合水域のみならず寒流域においてもニシン，タラ類など寒流系の魚種との餌を巡る競合などが強まり，北方系魚類の分布域，索餌域が狭められることになるのではないかと考えられる．

　3）　**海水温，海流と再生産力**：一般に水温が高い方が魚類の再生産には有利である[15]．大西洋ニシンの漁獲量は，それより2年前の水温と正の相関があるが[16]，これは競争種の影響が少なければ水温の上昇は再生産率の上昇（ひいて

は2年後の漁獲量の上昇）につながるという例であろう．ただし Skud[17] によれば大西洋ニシンの再生産率が水温と正の相関を示したのはニシンが卓越していた時期（1909〜1960年と1965〜1971年）であり，同じ時期に生態的に下位であった大西洋サバでは漁獲量は水温と負の相関を示した．これ以外の時期はサバとニシンの立場が逆であった．このことは水温など環境の影響が加入量に直接反映するのは生態的に優占した種についてで，下位の種は種間の抑制により，見かけ上環境因子と負の相関を示す場合があることを示している．またバンクーバー付近のニシンの加入量は，表面水温と強い負の相関がある[18]．これは水温が上昇すると，元来はより南方の湧昇域に分布する Pacific hake（メルルーサ）の分布域が北に広がり，ニシンの稚仔魚に対する捕食圧が高まるためとされている．つまり水温の上昇が捕食者の増加という要因を介して再生産率を低下させる例も存在する．

　気候変動に伴う海流の変化が再生産に影響を与える例としてグリーンランド西岸のタラがある．ここでは水温 t（℃）と年級豊度 y の間に

$$y - 60.2 = 45.4(t - 2.14) \quad (r = 0.87)$$

なる関係が存在する[19]．この海域では風が海流に影響を与え，水温の上昇を伴うような風向きの時は海流路の関係で仔魚の沖への輸送が減少し加入量が増えるとされている．

§2. マイワシ・ニシンにみる資源と水温の長期変動

　マイワシ類の顕著な資源変動については世界各地で報告があるが，これについて地球規模での環境変動との関係が指摘されている．マイワシ類の資源の変動は北太平洋の西の縁と東の縁，南太平洋の東の縁という隔たった海域で同期して起きており[20,21]，Lluch-Bleda ら[22] によれば長期のトレンドを消去して10年規模での変動を見ると，海水温の上昇期とマイワシ類資源の増大期がほぼ一致していた．Kawasaki[23] は，北太平洋におけるニシンとマイワシ漁獲量の相反的な増減はこのような長期の海水温変動に関連しているとしている．

　ここで日本における両魚種の資源および海水温の長期変動を分析した．水温は友定[24] のまとめた長期の資料を用いた．マイワシの再生産域の水温として黒潮流域に近い千葉県野島崎の1914年から1979年の水温を用いた．ここでの冬季

（1，2，3月の平均）の水温は1930年代に最低を示し，その後，上昇傾向となり1970年代までに2〜3℃増加していた（図7・2）.

ニシンの再生産域と考えられる親潮域の連続した長期資料はなかったので親

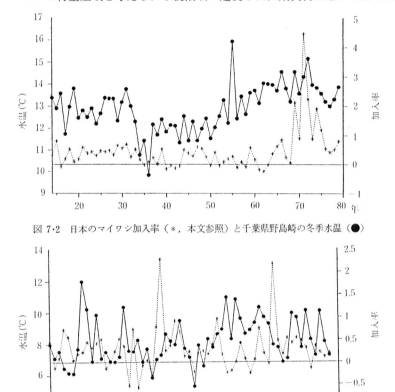

図7・2 日本のマイワシ加入率（＊，本文参照）と千葉県野島崎の冬季水温（●）

図7・3 日本のニシン加入率（＊，本文参照）と福島県塩屋崎の冬季水温（●）

潮の影響が強いと寒冷化するとされる混合水域[25]の水温として福島県塩屋崎の1914年から1975年の変動を見た（図7・3）.冬季の水温は両者とも北半球全体の海水温の変動傾向[9]と類似して1930，40年代が低目で1950年代以降水温は増加傾向であった．ただし1980年代に入ると混合水域は低温傾向であった[25]．マイワシ，ニシンの生産力の指標としておおよその加入率を漁獲統計[26,27]から計算した．すなわちニシン・マイワシともに加入年齢を2歳と仮定した時，t 年の

加入率 R_t を $t+2$ 年の加入量（$=t+2$ 年の全資源量－前年から生き残った魚の資源量）と t 年の資源量（$\propto$ 親魚量）の比として，便宜的に以下の式で求めた（図7・2, 7・3）．

$$R_t = \frac{(C_{t+2} - 0.5 \cdot 1.5 \cdot C_{t+1})}{C_t}$$

ここで C_t は t 年の漁獲量である．この式はある年の資源は大雑把にみて翌年までに数では半減するが平均体重では 1.5 倍になり，漁獲量は資源量，親魚量に比例していると仮定したものである．マイワシの加入率と水温の散布図を見ると（図7・4），13.5°C を越えると加入率が高くなる年が増え始める傾向がみられ，全体としては有意な正の相関が見られた（$r=0.426$, $p<0.01$）．一方，

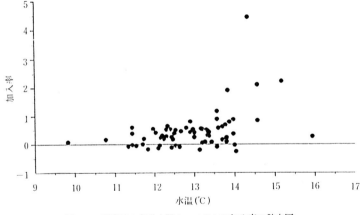

図 7・4　野島崎の冬季水温とマイワシの加入率の散布図

ニシンでは相関係数は 0.00 で両者の相関は全く見られなかった．ニシンについては更に，FAO による 1963 年以降の北太平洋北西域（61 漁区）の漁獲量[28]と，岩手県の観測によるおよそ東経 143°，北緯 40°における 100 m 層の水温[29]とを比較した．時期はニシンの産卵盛期である 4 月を選んだ．両者の相関係数は +0.143 でやはり有意ではなかった．つまり，日本周辺のマイワシについては，水温と加入率の間に正の相関が示唆され，Kawasaki[20,23], Lluch-Berdaら[21]の指摘のような水温と同期した資源変動が起こっている可能性がみられた．しかしニシン類については大西洋ニシンで見られたような水温との正の相関[16]，あるいは太平洋ニシンで想定されたような負の相関[18,23]は日本周辺では

見いだせなかった．ただし FAO の統計ではニシン類でも太平洋と大西洋の漁獲量変動は類似の傾向を示しており（図7・5，相関係数＝0.743，$p<0.01$），直接水温との関連は見いだせなくても地球規模での環境変化に由来する共通の変動要因が見いだされる可能性は否定できない．

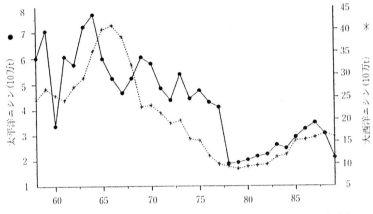

図 7・5　太平洋のニシン漁獲量（●）と，大西洋のニシン漁獲量（＊）の経年変化（FAO 統計より）

地球規模でのマイワシ資源変動の原因は太陽輻射の変動の影響である可能性がある[30]．太陽輻射は 1890～1940 年代と 1970～1980 年代に直線的な増加を示し，この変化は気温の変動と極めてよく一致している[31]．マイワシの資源変動が太陽輻射に影響を受けているとすればそのメカニズムは，海洋の有光層の増大による基礎生産力の増大といったことが考えられるが，そうであれば（太陽輻射）∝（気温）という関係と，（太陽輻射）∝（マイワシ資源）という関係が独立に存在し（図7・1），そこから見かけ上（気温）∝（マイワシ資源）という現象が観察されていることになる．そうであれば気温変動とマイワシ資源変動の間に直接の因果関係はなく，地球温暖化からマイワシ資源の増大を予測することはできない．

§3. 定性的予測

以上のように個々の魚類個体群にとって水温変動の影響は，海況，基礎生産力，種間関係など様々な要因を介して現われるが，図7・1に示す環境変化と魚

類生産力変化を結びつる系列の多くは定量化されておらず，個別に変動の予測を行うのは難しい．寒流系のニシン類にしても，暖流系の魚類との競合・被捕食が強まる個体群があるであろうが，そのような要因がなければ温暖化そのものは資源量増大に結びつくことが予想され，一律にその消長を予測するのは難しい．暖流系のマイワシについても水温との関係は注目に値するものの，図7・4を見る限り水温変動だけで説明がつくとは考え難い．環境変動は資源変動の引き金として作用している可能性も考えられる[32,33]．更に環境要因だけでなくマサバとの種間関係[34]なども変動要因の一つと考えられ，この辺が解明されない限り長期的な消長についての予測は難しい．

以上のように個々の魚種についての予測は難しいものの，漁業資源全体として温暖化の影響を考察した場合，図7・1の中で定性的にではあるが，予測し得るのが以下の系列であろう．すなわち，気温上昇→海面水温上昇→鉛直混合減少→栄養塩類補給減少→基礎生産力低下→魚類生産力の低下である．つまり気温が上昇すると基礎生産力が減少することから，外挿ではあるが，海洋の魚類資源全体としての生産力は低下する可能性が示唆される．

Ryther[4]によれば世界の年間総魚類生産量は2億4千万トンで，このうち人間にとっての潜在的持続可能生産量は1億トン以下である．世界の海産魚類の総生産量は1980年代には年3.4%の割で増加し，1989年には7,200万トンに達した．このように利用可能な潜在的生産力が減少して行く中で魚類生産量そのものが減少することは社会的に大きな影響を及ぼす可能性があり，変動予測手法の確立と適切な対策が望まれよう．

文　献

1) S. Manabe, R. J. Stouffer, M. J. Spelman and K. Bryan : *J. Climate*, **4**, 785-818 (1991).

2) 友定　彰：地球環境変化と海洋生態系および水産業に関する調査研究（中央水産研究所編），中央水研，1989, pp. 4-16.

3) H. Gucinski, R. T. Lackey and B. C. Spence : *Fisheries*, **15**, 33-38 (1990).

4) J. H. Ryther : *Science*, **166**, 72-76 (1969).

5) A. Bakun : *Science*, **247**, 198-201 (1990).

6) E. L. Venrick, J. A McGowan, D. R. Cayan and T. L. Hayward : *Science*, **238**, 70-72 (1987).

7) C. B. Lange, S. K. Burke and W. H. Berger : *Climate Change*, **16**, 319-329 (1990).

8) S. W. Nixon : *Limnol. Oceanogr.*, **33** (4, part 2), 1005-1025 (1988).

9) C. K. Folland and D. E. Parker : Proc. NATO advanced research workshop on climate-ocean interaction, Oxford, UK, 26-30 Sept. 1988, Kluwer

7. 地球温暖化と水産業　*89*

Academic Press, 1989 (直接参照せず).

10) A. Soutar and J. D. Isaacs : *Fish. Bull. U. S.*, **72**, 257–273 (1974).

11) F. S., Russell A. J. Southward, G. T. Boalch and E. I. Butler : *Nature*, **234**, 468–470 (1971).

12) D. H. Cushing : 気候と漁業 (川崎　健訳), 恒星社厚生閣, 1986, pp. 378.

13) 石川弘毅：水産海洋研究, **56**, 132–133 (1992).

14) 佐々木道也：茨城水試研報, **27**, 87–94 (1989).

15) P. Pepin : *Can. J. Fish. Aquat. Sci.*, **48**, 503–518 (1991).

16) V. C. Anthony and M. J. Fogarty : *Can. J. Fish. Aquat. Sci.*, **42** (Suppl. 1), 158–173 (1985).

17) B. E. Skud : *Science*, **216**, 144–149 (1982).

18) D. M. Ware and G. A. McFarlane : *INPFC Bull.*, **47**, 67–77 (1986).

19) F. Hermann, P. M. Hansen and S. A. Horsted : *N. W. Atlant. Fish.*, **6**, 389–409 (1965).

20) T. Kawasaki : *FAO Fish. Rep.* **291** (3), 1065–1080 (1983).

21) D. Lluch–Belda, R. J. M. Crawford, T. Kawasaki, A. D. MacCall, R. H. Parrish, R. A. Schwartzlose and P. E. Smith : *S. Afr. J. Mar. Sci.*, **8**, 195–205 (1989).

22) D. Lluch–Belda, S. Hernandez–Vazquez, D. B. Lluch–Cota and C. A. Salinas–Zavala : *CalCOFI Rep.*, **33**, 50–59 (1992).

23) T. Kawasaki : Long–term variability of pelagic fish populations and their environment (ed. by T. Kawasaki *et al.*), Pergamon Press, 1991, pp. 47–60.

24) 友定　彰：東海区水研資料集, **10**, 1982, pp. 1–112.

25) 村上眞裕美：水産海洋研究, **56**, 138–141 (1992).

26) 河井智康・高橋明世：東海区水研資料集, **11**, 1983, pp. 127.

27) 農林水産省統計情報部：漁業養殖業生産統計年報, 1985～1990.

28) FAO : Year book of fishery statistics, FAO, Rome, 1964～1990.

29) 水産庁：海洋観測資料, 1964～1886.

30) T. Kawasaki and M. Omori : Long Term Changes in Marine Fish Populations (ed. by T. Wyatt and M. W. Larraneta), Instituto de Investigaciones Marinas de Vigo, Vigo, 1988, pp. 37–53.

31) E. Friis–Christensen and K. Lassen : *Science*, **254**, 698–700 (1991).

32) Z. Nakai : Proceedings of the world scientific meeting on the biology of sardnes and related species, Vol III (ed. by H. Rosa Jr. and G. Murphy), FAO, 1960, pp. 807–853.

33) K. Kondo : *Rapp. P. -v. Reun. Cons. int. Explor. Mer*, **177**, 332–354 (1980).

34) T. Kishida and H. Matsuda : *Fish. Oceanogr.*, **2**, 278–287 (1993).

8. 漁業と生態系保存

佐々木　喬*

　近年，地球温暖化への懸念，オゾン層の破壊，森林破壊，砂漠化，大気・海洋汚染など地球規模の環境問題への国際的関心が高まっている．これらは産業の急激な拡大や人口の急増など人類の活動が，自然環境に重大な影響を及ぼすに至ったためであり，海洋を生産現場とする漁業においてもその規模の拡大に伴い自然環境に及ぼす影響についての人々の関心と懸念が強まってきた（表8・1）．それに伴い，民間の環境保護団体（環境 NGO）を中心とした反捕鯨や混獲生物への懸念に起因する反流し網運動が急激に台頭し政府の意志決定に強い影響力をもつようになった．特に米国では希少海洋生物の保護を巡って環境 NGO と漁業との対立が激しくなった（Warren[1]）．また大西洋のたら戦争のように，生物資源を巡る沿岸国間あるいは沿岸国と遠洋漁業国との地域的紛争が各地で多発している．さらにベーリング公海のスケトウダラや北米北東岸の底魚資源のように，資源の枯渇により漁業の一時停止（モラトリアム）が実施される事態が増えつつある．このような漁業の現状と将来に対しては，ニューズウィークのような国際誌によって強い懸念が表明される一方（Emerson[2]），環境 NGO などからは非持続的，あるいは無規制な実態にあり海洋生態系を破壊するもので厳重に規制すべきと批判されている（角田[3]）．

　漁業の即時全面停止を求めるような一部の過激な主張は別にしても，漁業についても自然環境と調和した展開が必要であるとの認識が広まり，1992年6月にブラジルで開催された国連環境開発会議（UNCED）では，野生生物資源の利用について持続的利用を前提とすることが決議された．また同年5月にはメキシコのカンクンで，責任ある漁業に関する国際会議が開催され，採択されたカンクン宣言に基づき FAO が，"責任ある漁業に関する国際行動規範"の作成に取り組んでいる．さらに UNCED での議論を引継ぐ形で1993年には国連公海漁業会議が召集され，公海における漁業管理についての包括的な原則作りへ

---

*　水産庁遠洋水産研究所

8. 漁業と生態系保存　91

表 8·1　漁業・環境問題年表

1967	第10回北太平洋おっとせい保存委員会年次会議でオットセイの罹網問題提起
1972	国連人間環境会議ストックホルムで開催
	・絶滅の恐れのある野生動植物の種の国際取り引きに関する条約（CITES）採択会議の早期開催を勧告
	・商業捕鯨10年間モラトリアム決議（IWC は商業捕鯨モラトリアムを否決）
	米国国内法「海産哺乳動物保護法（MMPA）」制定
1973	CITES ワシントンで採択（以後ワシントン条約と呼称される）
1975	第27回 IWC 年次会議で鯨類資源の３分割新管理方式導入
	この頃ビンナガマグロを狙った大目流し網漁業が始る
1977	米国200海里水域内で操業するわが国母船式サケ・マス漁船に海産哺乳動物混獲許可証の取得義務が発生
1978	壱岐勝本におけるイルカ類の捕獲が国際的非難を浴びる
	北太平洋でアカイカを対象とした流し網漁業が始る
1981	第３回ワシントン条約締約国会議（ニューデリー）でシロナガス，セミ，ザトウに加え，マッコウ，ナガス，イワシの各鯨種を付属書Ⅰに記載
1982	第34回 IWC 年次会議で1985／86漁期からの商業捕鯨モラトリアム実施と1990年までに資源の包括的評価を行いモラトリアムを見直すことを決議
1984	第１回マリンデブリ国際会議ホノルルで開催，海洋に廃棄された"ごみ類"が海洋生物に及ぼす様々な影響について問題提起
1986	日本が IWC の商業捕鯨モラトリアムに対する異議申立てを撤回
	ベーリング公海スケトウダラ漁業が本格化
1987	日本が IWC の商業捕鯨モラトリアムを受入れ，商業捕鯨を一時停止
	日本が南氷洋ミンククジラを対象に調査捕鯨を開始
1988	米国がわが国サケ・マス漁船に海産哺乳動物混獲許可証を発給せず
1989	北海でゼニガタアザラシの大量へい死事件発生（約20,000頭），PCB 汚染による免疫力低下説第44回国連総会開催
	・国連環境開発会議（UNCED）の開催決議
	・公海大規模流し網漁業の1992年７月以降条件付モラトリアムを決議
1990	米国が巻網漁業におけるイルカ類の混獲を理由にメキシコとベネズエラに対しキハダマグロの輸入禁止措置をとる（メキシコはガットに提訴）
1991	豪州でわが国マグロはえなわ漁船によるサメ鰭切断が問題化，サメ類の混獲への懸念と資源の無駄使い
	ガットパネルがキハダ問題でメキシコを支持
	第46回国連総会で公海大規模流し網漁業の1993年１月以降モラトリアム決議
1992	第８回ワシントン条約締約国会議（京都）でスエーデンが大西洋クロマグロ提案を撤回
	第44回 IWC 年次会議でミンククジラの改訂管理方式（RMP）完成
	国連環境開発会議（地球サミット（UNCED））リオデジャネイロで開催
	・環境と開発に関するリオ宣言，「アジェンダ21（21世紀に向けての行動計画）」の採択
	・生物の多様性保存条約の署名，1993年発効
	米国国内法「国際いるか保護法（IDCA）」制定，イルカ類を混獲するマグロ漁業等のモラトリアムが目的
1993	国連公海漁業会議召集，ストラドリング資源と高度回遊性魚種の管理の在り方
1994	ベーリング公海スケトウダラ保存条約最終合意，ストラドリング資源を対象とした初めての地域国際管理機構の設立
	カナダがニューファンドランドにおけるタラ漁業を資源枯渇のため無期限全面禁止，枯渇要因の一つにアザラシによる捕食説

の取り組みが開始された．これら一連の会議では，世界における食料の確保を使命とする FAO が，漁業を維持する立場から重要な役割を担っている．一方，ワシントン条約（CITES）や生物の多様性保存条約のようなこれまでの漁業の枠組みとは異なった枠組みで，漁業を直接的あるいは間接的に規制しようとする動きも活発化している．

このように，責任ある漁業国として健全な形で漁業を存続させるには，環境に配慮しつつ海洋生物資源の保存・管理について必要な措置を積極的に行っていくことが求められている．そのため，漁業と海洋生物を巡る様々な問題に対応していくことが今後の重要な研究課題の一つとなっている．それらの問題には，大きく分けて漁業が環境中の生物に与える影響の問題と逆に特定の生物の存在が漁業の存続を脅かす問題とがあるが，さらに以下の4つの基本的問題に整理できる．それらは(1)漁業が直接漁獲対象としている生物資源への影響，(2)漁業が漁獲対象資源以外の混獲生物に与える影響，(3)漁業が環境中の生物に間接的に与える影響，および(4)環境中の生物が漁業の存続に与える影響である．以下に，それぞれの問題について述べる．

§1.　漁業が漁獲対象資源におよぼす影響

この問題は特に新たな問題ではなく，過剰漁獲を回避するという資源管理上の目的から多くの海洋生物資源について，これまでにも取り組まれてきた課題である．しかし一般的には管理に成功した例は少なく，失敗し資源を枯渇させた例が多い．特に産業的価値の高い資源ほど過剰漁獲に陥りやすい．また公海資源は特定の保存管理機構が存在していても一般に乱獲に陥りやすい．ただしわが国周辺のマイワシ資源のように，資源の変動が主として自然的要因によって支配される魚種も少なくないので，資源の枯渇が全て管理の失敗かどうかは慎重に判断する必要がある．いずれにせよ，地球環境を保全する観点から，このまま漁業を放置できないとの認識が強まり，UNCED 以降先に述べたような国際的な動きが活発になっている．特に公海資源の管理問題については，公海資源が人類共有の財産であるとの認識の下に，資源の利用に際してはこれまで以上に利用国の管理責任が厳しく問われる情勢となっている．漁獲対象生物について持続的利用ができているかどうかを絶えず確認することが漁業を行う

側に求められるが，そのためには，任意の資源水準から安全に利用できる持続的生産量の推定について，きちんとした資源解析と資源についてのモニタリングを継続して行う必要がある．なお任意の生物資源について持続的利用を保障する資源水準は一つとは限らず幾つもの段階が考えられ，どの水準を選択するか，あるいは資源を回復させるためにどのシナリオを選択するかについては，社会経済的な要因が考慮に入れられる余地がある．しかしそれをどの程度考慮に入れるかについては，生態系の保全を重視する立場と産業としての漁業の維持を重視する立場とで意見の対立がある．

国連公海漁業会議では，特に公海と沿岸国の 200 海里水域とに跨がって分布するストラドリング・ストック（Straddling Stock (SS)）とマグロ類に代表される高度回遊性魚種（Highly Migratory Species (HMS)）の管理の在り方が中心的課題となっている（漁政の窓[4]）．会議では沿岸国の管轄権の拡大など1994年中に発効することになった国連海洋法（UNCLOS）との整合性の問題に加え，沿岸国と公海漁業国との間で幾つかの問題について基本的な認識の違いが明らかにされている．資源管理問題に限れば，保存・管理措置の性質，200海里内外における措置の一貫性の確保，一貫性を確保するための国際協力のメカニズムなどが大きな争点となっている．保存・管理措置の性質については，国連公海漁業会議だけでなく責任ある漁業に関する国際行動規範の作成に関する作業部会でも，新たな概念として予防的管理措置の実施（Precautionary Approach (PA)）という考えが導入された．これには，生態系アプローチの導入や枯渇した資源を回復させるためのプログラムの策定，混獲への配慮，新規に漁業を開始する場合の保存・モニタリングの措置の適用等についての必要性が謳われているが，最も重要な点は，資源の悪化の兆候が現れた場合に有効な保存・管理措置が迅速に実行できるような仕組みの導入を意図していることである．PA についての基本的な考え方については各国とも理解を示しているが，具体的内容については，厳しい内容を求める沿岸国側と極端な措置は避けるべきとの公海漁業国側との間で見解が異なったため，FAO に SS 資源と HMS 資源の管理基準（Reference Point (RP)）および PA についての検討素材の提供が依頼された．RP についての FAO 文書では（FAO[5]），これまでに用いられてきた MSY などの主要な管理基準をレビューし，それぞれに必要なデ

ータ，利点，欠点，及び目標管理基準（Target Reference Point (TRP)）と限界管理基準（Limit Reference Point (LRP)）の２つの異なった管理基準としてそれらを用いる場合の適，不適などについて解説している．LRP による管理システムでは，RP は資源状態がそこまでいくことを避けるべき，かつそれを越えたら予め合意された適切な保存・管理措置を自動的に発動する基準として設定される．一方，TRP における RP は漁業を行う目標として設定されるが，RP に対して資源がどの位置にあるのか，あるいはどのような措置を導入すべきかについて見解が対立するため，一般的には規制措置の発動が遅れたり漁業に都合のよい緩やかな措置が選択されやすく，結果的に資源が枯渇するまで効果的な保存措置を導入することができないケースが多い．FAO 文書では，漁獲量と努力量をベースにした従来の管理戦略に代るより予防的あるいは危険回避的な生物学的管理基準として，産卵親魚量（SSB）と加入量（R）の関係（SSB/R）をベースとした新たな方法に関心が移っていると指摘し，この考え方に基づく具体的方法として F_{MED} を TRP として用いる戦略（図 8・1）や最低産卵資源量（Minimum Spawning Stock Biomass）を LRP として用いる戦略などを紹介している．最も古典的かつ一般的に用いられてきた MSY 基準は，もはや"持続的"な基準とは認められず，LRP として用いるのであれば依然として重要な価値があるが，TRP として用いる場合は問題であると指摘している．なお FAO 文書で論議されているこれらの生物学的管理基準に関する最近の研究については，Smith ら[6]に詳しく報告されている．

　FAO の認識では，SS 資源と HMS 資源の多くは過剰漁獲に陥っており，資源を再生させるには環境変動や漁獲量などの情報に関する不確実性に十分配慮した予防的，あるいは危険回避的な保存・管理措置が必要である．そのためには，当該資源の分布・回遊範囲全体にわたって漁業情報と生物情報を体系的に収集するシステムの確立，複数の管理基準をもつこと，およびそれらの管理基準を LRP として用いる管理システムの採用が重要であるとしている．国連公海漁業会議や責任ある漁業に関する国際行動規範の作成に関わる作業部会では，予防的措置の一つとして予防的閾値（Precautionary Threshold (PT)）の導入が検討されている．この考え方についても必要性については理解を示す国も多いが，どのように定義し設定するかが問題である．

典型的な SS 資源の公海での管理問題として，同じ問題を抱える世界各国からの強い関心を集めたベーリング公海におけるスケトウダラ資源の保存・管理を話合うための会議では，米国とロシア両沿岸国と日本などの遠洋漁業国側の

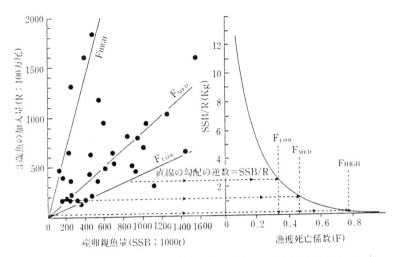

図 8・1 北大西洋のタラ資源を例にした F_{LOW}, F_{MED}, F_{HIGH} の推定法を示す図．左の図で F_{LOW}, F_{MED}, F_{HIGH} は，それぞれ観測年の90％，50％，及び10％の年で加入量が親魚量を上回る境界線を示す．直線の勾配の逆数が SSB/R．右の図は加入当り親魚量（SSB/R）と漁獲死亡係数（F）との関係を示す．F_{MED} に相当するFで管理した場合，年々の加入量は無傾向に変動するが長期的には安定して推移すると期待されるので，管理の目標基準として設定するのに適している（FAO[5]による）．

見解が激しく対立し協議は難航したが，沿岸国と遠洋漁業国とが相互に譲歩した結果1994年2月に最終合意に至った（水産週報[7]）．この協定の成立は，公海においても基本的には旗国がその責任において漁業を管理するが，適当な地域的国際管理機関を介して関係沿岸国及び他の漁業国と協力して，科学的根拠に基づいた資源の最適利用と適切な保存管理を行ない得るという実例を示したことに大きな意義があった．この協定の特徴は，コンセンサスによって許容漁獲量が決定できなかった場合の回避措置として，自動的にそれを決めてしまうシステムを導入したことである．漁獲は海盆系スケトウダラの資源量が167万トンを超えた場合に許され，資源量が167～200万トンの範囲では公海では13万トンの漁獲が認められる．沿岸国はそれぞれの管理責任の下で漁獲が可能であ

る．資源量の167万トンはPTとして機能し，それ以下の時は公海での漁獲は自動的に停止される．

CITES京都会議で規制対象生物として取り上げられようとされた大西洋クロマグロの問題では，本種の管理問題はCITESではなく国際管理機関である大西洋マグロ類保存委員会（ICCAT）で扱うべきであるとのわが国などの主張が認められた．しかし問題はこれまでのICCATによる対応努力が必ずしも十分ではなかったために管理責任を問われたことにあり（鈴木[8]），問題を提起した環境NGO側はICCATの管理能力を厳しく監視していく姿勢を強めている．CITESでは現在次回の総会で採択する規制リストに種を掲載する基準の改正案について検討が行われており，これまでのあいまいな基準に代ってより定量的な基準の採用が検討されている．米国政府の一部には，大西洋クロマグロ，ジンベイザメ，メジロザメ，シュモクザメなどを付属書IIに載せようとする動きがあり，生物の多様性保存条約でも第7条や第8条のように漁業を規制できる根拠となる条文があることから，今後これらの条約を利用しようとする動きが強まるものと考えられる．大西洋クロマグロのような資源については，回復させるためのプログラムを策定する必要があるが，そのためには，科学的により厳密な資源解析，資源の直接的モニタリング，迅速かつ正確な操業データの入手などに一層努力する必要がある．漁業の側には決められた操業条件の厳守などが強く求められる．

海産哺乳類の生物資源としての利用については，鯨類を初め古代より民族，宗教の違いを越えて人類に広く利用されてきたにもかかわらず，近年それらを聖獣視化する倫理感が台頭したため，科学的な側面のみでは対応できない状況がある．例えば南極海のミンククジラの資源管理では，IWC科学委員会の努力によって現在求め得る最も科学的に厳密な管理方式（改訂管理方式（RMP））が完成しているが，科学委員会が勧告した約78万頭と推定されている資源からの僅かな利用も認められない状況にある（畑中[9]）．アイスランドはこのようなIWCの現状を批判して脱退し，ノルウェーは独自の判断で捕鯨を再開した．IWCの任務は合理的利用を前提とした鯨類資源の保存・管理措置の策定であるが，現在のIWCは科学委員会の勧告を総会が無視して政治的に葬ることを繰り返しており，UNCLOSやUNCEDで合意された資源の持続的利用原則

を認めようとしないことから，国際管理機関として本来の機能を果していない（大隅[10]）．これまではこのような理解は一般的ではなかったが，捕鯨の是非はともかくとして IWC の機能が麻痺しているという認識は広まっている．また反捕鯨勢力側は鯨類の生息する生態系の完全保護を意図する南極海のサンクチュアリ化を新たに提案しているが（WWF Japan[11]），南極海であっても本来のままの生態系は保存されていないので，そのまま放置することがバランスのとれた生態系の回復に有効なのかどうかについては議論があり，科学的管理によって回復を図るべきとの見解もある．海洋生物資源の過剰漁獲による生態系の破壊が懸念されているが，完全保護によって特定の生物が過剰に増えることも生態系のバランスを崩す要因となる．鯨類を利用すべき資源と認めるかどうかは価値観の問題であるが，南極海を含めた海洋の豊かな生物生産力を合理的に利用するという立場から，海産哺乳類の利用についても柔軟な対応が望まれる．

§2. 漁業が漁獲対象資源以外の混獲生物におよぼす影響

　近年，大規模流し網漁業によるイルカ類やオットセイなどの海産哺乳類，海鳥，海亀などの混獲問題が大きな国際問題となり（FAO[12]），1989年の国連決議（United Nations[13]）によって1992年を最後に漁業の停止に追込まれた．また東部太平洋におけるマグロ巻網漁業によるイルカ類の混獲を初め世界各地で漁業による海産哺乳類の混獲が大きな問題となっており（Northridge[14]），メキシコ湾，カリブ海，インドネシアではエビトロール漁業による海亀の混獲問題（Marquez[15]）や大量に混獲されるエビ以外の雑魚の投棄問題が発生している．投棄魚の問題は，アラスカにおける底魚類を対象にした米国の大規模トロール漁業でも近年大きな問題として関心を集めている．比較的クリーンなイメージが強かったマグロ・はえなわ漁業でも，漁業の拡大に伴って混獲が無視できない問題になってきている．東部太平洋ではイルカ類に付いているマグロ類をイルカごと巻網で漁獲していたが，混獲されるイルカ類の死亡が大きな問題となったため，混獲死亡を低減させる漁具・漁法の開発が進むとともに，できるだけイルカ付き群を巻かないような操業が行われるようになった．ところが漁具・漁法の改良によって網に巻かれたイルカ類の混獲死亡は著しく減少し

個体群への影響がほぼ無視できる程度に小さくなった一方で，イルカ付き群以外のマグロの群れを利用する操業では，主な漁獲物であるキハダマグロの体長が小さくなることに加えて，サメ類，海亀類，カジキマグロ類，および小型マグロ類などの混獲が大幅に増える結果になった．そのためこの海域のマグロ資源を管理する全米熱帯まぐろ類委員会（IATTC）事務局は，大型のキハダマグロを漁獲するイルカ巻網漁法がキハダ資源の管理上最も好ましく，かつ最も環境に与えるインパクトが小さい操業形態であると報告している．

　一方，大規模流し網漁業では，国連決議により個々の生物の混獲量がそれぞれの資源に与える影響を評価することが求められ，漁業を継続するには混獲量がその生物個体群に大きな影響を与えていないことを証明しなければならなかった．そのため遠洋水研を中心とする研究者の多大の努力によって，現時点における最良の科学的評価が行われた（伊藤ら[16]）．しかし漁獲対象資源ですら厳密な科学的評価に耐えられるような資源評価までにはなかなか至らない場合が多い現状を反映して，多くの生物については影響評価についての不確実性を克服することはできず，その点を米国などの国々によって彼らの政治目的の達成に巧に利用される結果に終った（畑中[17]）．混獲問題には希少生物の絶滅に対する懸念と大量に混獲されることによる生態系への質的影響の問題とがあるが，その対応には，混獲生物についても漁獲対象資源と同様に漁獲による影響評価がきちんと行えるように情報を収集・蓄積しておくことが必要であり，特に系群別の個体群の大きさと基本的な生物特性値についての精度の高い情報，および混獲量を含めた混獲実態を正確に把握することが不可欠である．同時に特定の種の保存のみに注目するのではなく，生態系全体を視野に入れた対応が重要であり，生態系研究への取り組みの強化が必要である．また研究者の数も少なく，資源生物学的研究が遅れている海鳥，海亀，サメ類などの問題に対応できる研究者の養成が求められている．

　他に混獲問題の解決では，混獲をできるだけ回避するための漁具・漁法の開発，混獲生物の分布，回遊を考慮して混獲を避ける時期と場所を選んで操業する技術の開発，あるいは資源的に問題のない大量に混獲される生物の有効利用法の開発などが重要な課題となっている（FAO[12]）．具体例としてアカイカ流し網漁業の代替えとして効率的な釣り漁法の開発研究が実施されている（谷

津[18]）．これらの課題では，対象生物の分布，回遊，行動生態などに関する調査研究とともに，水産工学的な技術開発研究が求められている．イカ釣り漁業などは他の生物をほとんど混獲しない優等生といえるが，一般的にはどんなに努力しても漁業が混獲をゼロにすることは技術的に極めて困難であろう．また多くのことが不確実な状況下では混獲の影響について挙証責任を厳しく追及されれば，漁業は対応不可能で撤退させられるしかない．したがって個々の漁業ではなく食料の供給を任務とする漁業の位置付けを明確にし，漁業という手段で海洋の生物資源を利用するには，ある程度の混獲は止むを得ないとの一般的な合意が必要である．しかしながら，資源を利用する側の責任として，希少生物などの混獲に対する一般的な懸念に対しては科学的な根拠をもって十分に応えていく必要がある．混獲生物への影響評価は，僅かばかりの体制強化では極めて対応が困難な問題と考えられるが，漁業国として今後避けては通れない問題である．

§3. 漁業が環境生物に間接的におよぼす影響

この問題については，漁業による漁獲対象資源の間引きが同じ資源を餌として利用している他の生物に与える影響や漁業活動に由来する廃棄物による生物への影響などが問題となっている．例えばアラスカにおける海鳥類やトドの急激な減少およびオットセイ資源における出生仔獣数の減少について，その要因の一つに大規模なスケトウダラ漁業などの影響による餌不足が挙げられている（Lowry[19]）．また南極海におけるオキアミ漁業とアザラシ，ペンギンなどのオキアミ捕食者との関係でも，局所的にはこのような問題が起こる可能性があるのではないかとの懸念がもたれている（永延[20]）．さらに投棄網などによるオットセイの絡まり死亡（Wallace[21]，Baba ら[22]）や放置された底刺し網やかご漁具によるゴースト・フィッシングの問題がある（Breen[23]）．

スケトウダラ漁業と野生生物との間接的関係の問題については，アラスカにおける漁業資源管理計画の策定に重要な役割を果している商務省・海洋漁業局・アラスカ水産科学センター（AFSC）は，連邦下院におけるマグナッソン法改訂に関する公聴会で，漁獲水準はかなり控え目に設定されていること，資源の動向については注意深くモニタリングしていること，トドやオットセイが食

料をスケトウダラのみに強く依存しているとの明白な証拠がないことなどを説明し，現時点では減少の原因をスケトウダラ漁業と断定することはできないとの見解を示している．トドの減少問題では，人為的および自然的な要因が複雑に絡んでいることが示唆されているが（Merrick ら[24]），最近では自然死した1頭のシャチの胃からトドの幼獣に付けた標識が14個も発見されたことから，シャチによる捕食も要因の一つであることが具体的に明らかにされた．漁業と野生生物との間接的関係については，人為的な要因と自然的要因を区別する必要があるし，幾つかの段階を経て影響が具体化するケースも考えられ，その因果関係の科学的な解明は非常に難しい．ここでも南極海海洋生物資源保存委員会（CCAMLR）が目標としているような（嶋津[25]）生態系研究へ取り組みの強化が求められている．

§4. 野生生物の保護と漁業

　漁業が野生生物に与える影響の問題とは逆に，一方的な保護の結果増えすぎた野生生物が漁業に与える影響の問題も深刻化している．具体例として，米国海産哺乳類保護法（MMPA）の改訂に関する下院における審議で，漁業，スポーツ・フィッシング，先住民漁業などの利益を代表するグループが，北米のワシントンからカリフォルニアに至る太平洋岸では，アラスカとは異なり，絶滅危惧種のリストから外されたコククジラや回復著しいラッコを初め，イルカ類，アシカ（カリフォルニア・シーライオン），ゼニガタアザラシ，キタゾウアザラシなどの海産哺乳類が急激に増大し，有用な生物資源に重大な被害を与えていると証言した．特に産卵のため河口に集ったサケ・マス類に対する捕食が深刻で，幾つかの河川のマスノスケ，ギンザケ，スチール・ヘッドなどが絶滅危惧種に指定されたのは，流域に建設されたダムによる環境破壊の問題に加えて，河口でのアシカやアザラシなどによる捕食も原因の一つであると指摘した．海産哺乳類の急激な増大は漁業資源も含め膨大な海洋生物資源を消費していると考えられる．

　またカナダ大西洋岸ニューファンドランドでは，伝統的に重要なタラ資源が枯渇したため全面的禁漁措置がとられた．資源枯渇の最大の原因は200海里水域内外における乱獲にあるとされているが（Emerson[26]），それに加えて環境

要因説やタテゴトアザラシによる捕食説とがある．本種は1970年代に捕獲が規制されて以後厳しく保護されてきたが，その結果，資源が350万頭にまで増大し餌としてタラやシシャモを大量に消費していると考えられている．シシャモはタラにとっても重要な餌生物であり，タテゴトアザラシによるシシャモの捕食はタラ資源の枯渇にも連動している可能性がある．そのためカナダ政府はタラ資源を回復させるために増えすぎたタテゴトアザラシを大幅に減らす必要性を訴えていたが，漁業大臣の交代によって政策に変化が生じている．わが国では北海道沿岸に来遊するトドによる漁業被害が問題となっている（山中ら[27]）．漁業と野生生物の保護とをどのようにして調和させるかは今後の大きな課題であるが，米国では過去20年間にわたって海産哺乳類を手厚く保護してきたMMPAを見直し，漁業と野生生物との関係をより現実的な視点から捉えようとする動きも出てきている．これまでの議論では，海産哺乳類は，行政，環境保護勢力，漁業者の3者で構成される地域的な混獲削減チームによって管理されることが検討されている．またこれまでの保護一辺倒の政策から，個体群の維持に問題がない海産哺乳類であれば，他の海洋生物資源への著しい影響など十分な理由があれば有害動物として駆除できる道が開かれた．しかしこの改正案がそのまま議会を通過し，成立するかどうかは分らない．

　以上述べたような漁業と野生生物との問題を解決するためには，科学的により厳密な資源解析，資源の直接的モニタリング，迅速かつ正確な操業データの収集，混獲生物に関する調査・研究の強化，混獲回避技術の開発，生態系研究への取り組みの強化，より予防的な保存・管理措置の導入などに加え，海洋生物資源の利用及漁業と野生生物との調和の在り方についての国際的なコンセンサスの確立などが要求される．公海・沿岸を問わず漁業を行っている国々は，漁業に対して抱かれている一般的懸念に応えるため，国際的な漁業秩序の確立に向け最大限の努力を払う必要がある．

文　献

1) B. Warren : *National Fisherman*, **Aug.**, 15-17 (1993).

2) T. Emerson : *Newsweek* (日本語版)，4月27日号，34-37 (1994).

3) 角田尚子：エコノミスト，9月21日号，

44-48 (1993).

4) 漁政の窓：**279**，大日本水産会，1993，2 pp.

5) FAO : Reference points for fisheries management : Their potential applica-

tion to straddling and highly migratory resources, *FAO Fish. Cir.*, **864**, 1993, 52 pp.

6) S. J. Smith, J. J. Hunt, and D. Rivard : *Can. Spec. Publ. Fish. Aquat. Sci.*, **120**, 1993, 442 pp.

7) 水産週報：**1328**, 6（1994）.

8) 鈴木治郎：遠洋水産研究所ニュース，**84**, 7-8（1992）.

9) 畑中　寛：遠洋水産研究所ニュース，**89**, 8-10（1993）.

10) 大隅清治：遠洋水産研究所ニュース，**78**, 1-4（1990）.

11) WWF Japan：日本経済新聞（意見広告）, 5月9日（1993）.

12) FAO : Report of the expert consultation on large-scale pelagic driftnet fishing, *FAO Fish. Rep.*, **434**, 1990 78 pp.

13) United Nations : Resolution 44/225 of the General Assembly on large-scale pelagic driftnet fishing and its impact on the living marine resources of the world's Oceans and Seas, 85 th UN Plenary Meeting, 1989, 3 pp.

14) S. P. Northridge : World review of interactions between marine mammals and fisheries, *FAO Fish. Pap.*, **251**, 1984, 190 pp.

15) M. R. Marquez : Sea turtles of the world-An annotated and illustrated catalogue of sea turtle species known to date, FAO Fisheries Synopsis, No. 125, Vol. 11, 1990, 81 pp.

16) 伊藤　準・W. Shaw・R. L. Burgner：北太平洋の公海流し網漁業によって漁獲される生物の生物学，分布及び資源評価に関するシンポジウム，北太平洋漁業国際委員会研報，**53**（I—III），1994, 460 pp.

17) 畑中　寛：遠洋水産研究所ニュース，**83**, 3-6（1992）.

18) 谷津明彦：遠洋水産研究所ニュース，**91**, 7-9（1994）.

19) L. F. Lowry : Alaska's Wildlife, Sep.-Oct., 14-21（1990）.

20) 永延幹男：遠洋水産研究所ニュース，**88**, 6-9（1993）.

21) N. Wallace : Proceedings of the Workshop on the Fate and Impact of Marine Debris (ed. by R. S. Shomura and H. O. Yoshida), NOAA Tech. Memo. NMFS, NOAA-TM-NMFS-SWFC-54, 1985, pp. 259-277.

22) N. Baba, M. Kiyota, and K. Yoshida : Proceedings of the Second International Conference on Marine Debris (ed. by R. S. Shomura and M. L. Godfrey), NOAA Tech. Memo. NMFS, NOAA-TM-NMFS-SWFSC-154, 1990, pp. 419-430.

23) P. A. Breen : Proceedings of the Second International Conference on Marine Debris (ed. by R. S. Shomura and M. L. Godfrey), NOAA Tech. Memo. NMFS, NOAA-TM-NMFS-SWFSC-154, 1990, pp. 571-599.

24) R. L. Merrick, T. R. Loughlin, and D. G. Calkins : *Fish. Bull.*, **85**, 351-365 (1987).

25) 嶋津靖彦：遠洋水産研究所ニュース，**55**, 1-5 (1985).

26) T. Emerson : *Newsweek*（日本語版）, 4月27日号，38-40（1994）.

27) 山中正美・大泰司紀之・伊藤徹魯：北海道におけるトド来遊状況と漁業被害について，ゼニガタアザラシの保護と生態（和田一雄ほか編），東海大学出版会，1986, pp. 274-295.

出版委員

会田勝美　岸野　洋久　木村　茂　木暮一啓
谷内　透　二村義八朗　藤井建夫　松田　皎
山口勝己　山澤　正勝

水産学シリーズ〔103〕　　　　　　　　定価はカバーに表示

水産と環境
Fisheries and Environment

平成 6 年10月10日発行

編　者　　清　水　　誠
監　修　社団法人　日本水産学会
〒108　東京都港区港南　4-5 7
東京水産大学内

発行所　〒160
東京都新宿区三栄町 8　株式会社　恒星社厚生閣
Tel（3359）7371（代）
Fax（3359）7375

Ⓒ 日本水産学会，1994．興英文化社印刷・協栄製本

出版委員

会田勝美　岸野　洋久　木村　茂　木暮一啓
谷内　透　二村義八朗　藤井建夫　松田　皎
山口勝己　山澤　正勝

水産学シリーズ〔103〕
水産と環境（オンデマンド版）

2016年10月20日発行

編　者　　清水　誠
監　修　　公益社団法人日本水産学会
　　　　　〒108-8477　東京都港区港南4-5-7
　　　　　　　　　　　東京海洋大学内

発行所　　株式会社 恒星社厚生閣
　　　　　〒160-0008　東京都新宿区三栄町8
　　　　　TEL 03(3359)7371(代)　FAX 03(3359)7375

印刷・製本　株式会社 デジタルパブリッシングサービス
　　　　　URL http://www.d-pub.co.jp/

ⓒ 2016, 日本水産学会　　　　　　　　　　　　　　AJ585

ISBN978-4-7699-1497-6　　　Printed in Japan
本書の無断複製複写（コピー）は，著作権法上での例外を除き，禁じられています